U0337494

献给我的妻子玛格丽特和孩子卡梅伦、查斯卡、克莱尔、科里、乔以及约什

运气的
秘密

WHAT
THE
LUCK?

THE SURPRISING
ROLE OF CHANCE IN OUR
EVERYDAY LIVES

〔美〕加里·史密斯 / 著

茅人杰　洪慧敏 / 译

北京联合出版公司
Beijing United Publishing Co.,Ltd.

在统计学范畴，很少会有比均值回归更有趣的概念，原因有二：

首先，人们几乎每天在生活中都会遇到；

其次，几乎没有人理解它。

因此，均值回归成为人类做出错误判断的根源之一。

——佚名

目 录

I 小题大做

小数定律

以利沙·阿奇博尔德·曼宁三世，这个名字听起来像是英国的王室成员，但其实，他是一名出色的美国橄榄球运动员，球迷们称他为"阿奇"。

阿奇出生在密西西比州的一个小镇上，他从小就爱好各种体育项目——棒球、篮球、橄榄球……上中学时，他是田径队队员，还曾经 4 次被美国职业棒球大联盟（MLB）球队选中。就读密西西比大学期间，他转攻橄榄球，进入了校队。他的队友们都资质平平，唯独他从此开始了一段传奇的职业生涯。在为表彰全美杰出橄榄球运动员的海斯曼杯评选中，他曾经先后两年分别名列第三名和第四名。时至今日，密西西比大学校园内的限速为每小时 18 英里，就是为了纪念当年阿奇的球衣号码。

他是 1971 年美国职业橄榄球大联盟（NFL）选秀的二号新秀（榜眼秀）。很不幸，他当时效力于弱队"新奥尔良圣徒"——因为战绩糟糕，被人们戏称为"无冠队"。球队的粉丝因为不满，还形成了一个自娱自乐的传统，把纸袋子戴在头上，这样朋友们就不会知道他们买了球票去观看连续惨败的"无冠队"的比赛。

阿奇娶了大学校花，生了 3 个儿子——库珀、佩顿和伊莱。库珀因为脊柱的问题，提前终止了橄榄球生涯；伊莱作为纽约巨人队的四分卫，曾经两次带领队伍赢得"超级碗"（美国职业橄榄球大联盟的年度冠军赛，胜者被称为"世界冠军"）；佩顿是 NFL 四分卫，他和父亲一样，也穿着 18 号球衣。2016 年，佩顿作为四分卫，帮助丹佛野马队赢得了"超级碗"，而后选择退役。在此之前，他曾 5 次被联盟评选为最有价值球员（MVP），并保持着 NFL 最长传球距离、触地球和胜利的纪录。

在 2014 赛季开始前的一个星期，几位 ESPN 评论员向我预测了佩顿这一赛季的表现。结果证明，他们的预测刚好符合我后面要讲到的"小数定律"。

优秀的四分卫需要具备很多技能，包括分析对方防守阵容、发现处于开阔地带的接球手、准确传球等。NFL 根据传球的成功率、每次传球的平均距离、触地得分的百分比以及传球被截获率，设计了一个复杂的计算公式，用来评估四分卫的表现。即便是佩顿·曼宁这样伟大的四分卫，在比赛中状态也难免会有起伏。图 1 显示了佩顿在 2013 年常规赛中的四分卫评分，要知道，他的目标是进入名人堂，以他的能力来看，这样的分数算不上稳定，但这种分数波动恰恰体现了竞技状态是如何受运气影响的。例如，后卫举起手拦截对手的传球时，有时刚刚好碰到了球，有时却以 0.001 秒之差错过了球；传球给队友时，有时传得很好，队友却接不住，有时传得很差，反倒被接住了；有时四分卫发挥出色，可是队友发挥失常，有时情况却恰好相反；有时裁判看走了眼，有时却鸡蛋里挑骨头。就像俗语说的："球场上，一切皆有可能。"在橄榄球比赛中，运气占的成分非常大，这直接导致了运动员评分的波动，然而，教练、球迷和 ESPN 评论员似乎并不懂得这一点。

例如，在 2013 赛季第四场比赛中，佩顿·曼宁获得了非同一般的高分，可是在下一场比赛中，他的表现就没有那么出色了；而在第十一场比赛中，他的得分很低，可是在下一场中，他又表现得非常好。从图 1 中我们可以清楚地看到，精彩的表现之后总会跟随着糟糕的发挥，而不好的表现之后总会跟随着进步。

这就是"运气"这头怪兽的本质。其实，出现波动的并不是佩顿的能力，

图 1
2013 年常规赛佩顿·曼宁四分卫评分

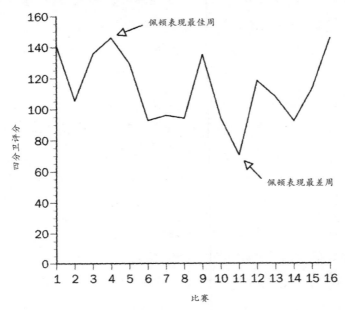

而是他的运气。如果在一场比赛中，佩顿的运气很好，那么在下一场比赛中，他就很难再有这么好的运气。但是我们总是忽略运气的重要性，认为精彩的比赛应该一场接着一场；当他的表现出现下滑时，我们就会批评他懒惰或是被胜利冲昏了头脑，而没有意识到，这只是因为他的运气发生了改变。

2002 年，心理学家丹尼尔·卡尼曼因为"把心理学研究和经济学研究结合在一起，特别是与在不确定状况下的决策制定有关的研究"，获得了诺贝尔经济学奖（他的合作者阿莫斯·特沃斯基因病逝未能获奖）。卡尼曼和特沃斯基认为，人类的思维过程往往会遵循某种规则而产生错误推论，他们将这种规则称为"小数定律"。例如，很多人都非常热衷于预测橄榄球比赛、总统选举或者股市行情的结果，如果某人四次预测有三次正确，我们就会认为他的正确率高达 75%。但事实上，这个结论所依据的数据非常有限，缺乏足够有说服力的理由作为支撑。打个比方，当我们抛硬币时，如果抛了 4 次，有 3 次都是正面朝上，我们不会草草推断出正面朝上的概率是 75%，因为我们知道硬币有两面，任何一面朝上的可能性都是相同的。与之相比，关于体育、政治和股市方面的预测就显得抽象很多，并没有硬币作为直观的参照物，所以我们很容易根据为数不多的几次成功或失败做出过度的推断。

小数定律使得我们误以为仅凭运动员的一次出色发挥，就可以精确衡量其能力。可事实上，出色的发挥通常受到好运气的影响，这意味着使用小数定律会夸大运动员的能力。不仅如此，好运气不可能永远都在，所以，运动员也不可能永远保持出色的表现。同样，发挥失常往往是受到了坏运气的影响，运动员也不可能永远都发挥失常。

出色的发挥就像有磁力一样，总会吸引水平稍差的发挥紧随其后。统计学家将这种"磁力"称为"均值回归"。这个概念简单却强大，正如本书题记中所说：

"在统计学范畴，很少会有比均值回归更有趣的概念，原因有二：首先，人们几乎每天在生活中都会遇到；其次，几乎没有人理解它。因此，均值回归成为人类做出错误判断的根源之一。"

在不同情况下，表现会因为不同的原因而出现起伏。例如，一位学生在考试中得到了非常高的分数，可能仅仅是因为他蒙对了所有答案；一个健康的人在体检中被查出患有严重疾病，可能仅仅是因为医疗仪器不洁，造成检查结果不准确；一项新的医疗技术在临床应用中取得了惊人的成功，可能仅仅是因为治疗对象的身体并无大碍；一家公司收益丰厚，可能仅仅是因为一篇正面报道为其带来了好口碑；一位求职者从众人中脱颖而出，可能仅仅是因为他碰巧对面试官随机提出的问题做了充分的准备；一名四分卫的传球遭到拦截，可能仅仅是因为队友不小心滑倒。

按照这一推理，我们来看看佩顿·曼宁的四分卫评分。图 1 显示，佩顿在第四场比赛中的得分为 146 分，如果我们认为这就是他的真实能力水平，那么我们就犯了小数定律的谬误。纵观他漫长职业生涯中的整体表现，146 分显然是好运气带来的结果，所以，在第五场比赛中，他的分数出现下滑也就不足为奇了。相比之下，佩顿在第十一场比赛中只得了 70 分，其中自然也有坏运气的因素，而他接下来的表现也有所好转。极端的运气之后更有可能跟随着不那么极端的运气，这就是运动员的表现有所起伏又趋于平缓的原因。

图 2
佩顿·曼宁四分卫评分，1998—2013

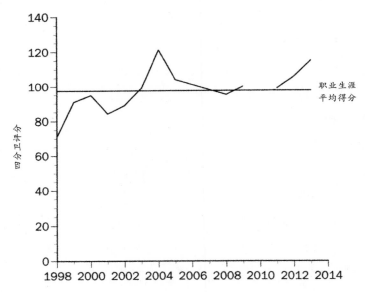

同样的推理也适用于佩顿在整个赛季中的四分卫评分。图 2 显示了他在 1998 年至 2013 年期间每年的四分卫评分——除了 2011 年，他因颈部手术和脊椎融合手术错过了整个赛季。

2013 年，佩顿迎来了职业生涯的巅峰期，他的表现令人难以置信。他实现了 55 次达阵（橄榄球中重要的得分方式，也就是触地得分）传球，只有 10 次被拦截。排在他后面的德鲁·布里斯只有 39 次达阵。佩顿获得

了最高的四分卫评分 115.1 分，完成了超过 320 次传球（平均每场比赛 20
次）。排在他后面的菲利普·里弗斯的得分是 105.5 分，德鲁·布里斯的
得分是 104.7 分。

在展望 2014 赛季时，ESPN 评论员受到小数定律的诱惑，认为 2013
赛季的表现决定了 2014 赛季的表现。他们不断地回味着佩顿·曼宁在
2013 年的种种出色表现，但没有人想到，这些表现也许只是因为好运气。

他们预测佩顿在 2014 年将会延续他的出色表现，并且会实现 48 次达
阵传球和 12 次拦截，再次大幅领先美国职业橄榄球大联盟的其他四分卫。
在"梦幻橄榄球"的预测中，佩顿的虚拟得分是 368 分，而排在二三名的
阿隆·罗杰斯和德鲁·布里斯分别得到 347 分和 329 分。

评论员们过度解读了佩顿在 2013 赛季的数据，而没有考虑到他在
2014 赛季很有可能发挥平庸。事实上，他在 2013 赛季的运气越好，在
2014 赛季跌落的可能性也就越大。

当听到评论员对佩顿·曼宁的赞扬时，我想，2013 年，37 岁的佩顿·曼
宁一定是走了好运。所以，在 2014 赛季开始前，我在博客上写了一篇文章，
题为《佩顿·曼宁有可能回归均值》。在文章结尾，我这样预测道：

"佩顿·曼宁在 2013 赛季的惊人表现更多得益于好运气。防守队员
滑倒，进攻队员没有滑倒；防守队员判断错误，进攻队员判断正确；丢球
后又拿到球；传球被拦截和掉球；裁判是否吹犯规……影响运气的因素非
常多，这同样说明，即便是最好的球队也无法赢得所有比赛，在不同的比
赛中，运动员的得分时高时低。虽然曼宁是进入名人堂的四分卫，但 2013
年的表现并不是他的真实水平。今年，他的表现肯定不会那么出色。请记
住我的话。"

事实证明我是对的。这不是因为我很懂橄榄球，而是因为我明白"均
值回归"的规律。

是的，在 2014 赛季，佩顿的成绩回归到平均值。他只实现了 39 次

达阵和 15 次拦截，而不是预测中的 48 次达阵和 12 次拦截。最终，佩顿并没有像预测的那样以 368 分领先于全联盟，而是以 307 分排名第四，落后于阿隆·罗杰斯的 342 分、安德鲁·勒克的 336 分和拉塞尔·威尔逊的 312 分。佩顿的四分卫得分是 101.5 分，名列第四，位于托尼·罗莫（113.2）、阿隆·罗杰斯（112.2）和本·罗斯利斯伯格（103.3）之后。

但这并不意味着佩顿的能力在这一年中退步了，他依然是最棒的四分卫之一，只不过，在 2014 年，他没有延续去年的好运气，所以没能再次位列榜首。但凡人类，都很容易回归到平均值，佩顿·曼宁也是如此。

认清小数定律和均值回归的事实，能够让我们避免谬误。我们不应该夸大有限数据的作用，也不应该忽略归于平庸的现实。这是运动表现、考试成绩、医学研究、商业利润、求职面试、浪漫恋爱以及很多事物的真相。

II 遗传的特性

回归理论之父

　　一般来说，如果父母身材高大，子女通常也身材高大；如果父母身材矮小，子女的身材通常也比较矮小。但是，即便不考虑性别上的差异，同一对父母所生的孩子身高也不尽相同。我身高1.93米，我哥哥身高1.85米，两个姐姐的身高分别是1.72米和1.80米。我们都从父母那里继承了高个子的基因，但显然，还有很多其他决定身高的因素。

　　19世纪下半叶，弗朗西斯·高尔顿开展了一系列研究，想要弄清父母和孩子身高的关系。高尔顿从小就是个神童，在人类学、地理学、气象学、心理学、生物学和犯罪学等方面都颇有建树，发表过数百篇论文，出版过很多著作。他的表兄查尔斯·达尔文写出了革命性书籍《物种起源》。他在40岁时受到这本书的启发，开始了对遗传性状的研究。事实上，高尔顿创造了"先天"与"后天"的概念。他通过对双胞胎和领养儿童的研究，评估先天和后天之间的相对重要性。

　　在遗传性状的研究中，高尔顿把上万粒甜豌豆种子根据重量分为7个类型。然后，他联系了7位朋友，给他们每人分发了70粒种子，每个重量级10粒。同时，他向朋友详细地说明了种植方法。例如，他告诉每个人都要准备7个平行排列的种植床，每行种植一个重量级的种子。每个种植床要求宽 1.5 英尺、长 5 英尺，上面有间隔均匀的 10 个 1 英寸的洞，每个洞中放入一粒种子。

高尔顿是按照重量给种子分类的，他发现，种子的重量和直径之间有着非常紧密的联系，直径越大，种子就越重。于是，他选择通过测量母本种子和后代种子的直径来呈现实验结果。图 3 显示了每组母本种子和后代种子的平均直径。如果每组母本种子和后代种子的直径一致，那么拟合线应该呈 45 度角。然而，实际的斜率是 0.34，这意味着，直径在平均值上下浮动 0.01 英寸的母本种子，其后代种子的直径与平均值仅相差 0.0034英寸。

有一种现象被称为遗传组分，意思是较大的母本种子往往会产生较大的后代，但是其中也有运气因素。最大的母本种子可能受到了积极的环境影响，而最小的母本种子可能受到了负面的环境影响。但是环境影响并不会遗传给后代，因此，后代种子比母本更接近平均值。高尔顿把这种模式称为"回归"。

凭借自己训练有素的双眼，高尔顿绘制的如图 3 所示的表格，已经足够接近真实数据了。但是在旁观者眼中，这种方式也许不够科学。如果能用数学公式来绘制表格，就不用担心视觉和判断因素导致的误差了。

高尔顿的同事卡尔·皮尔逊制定了一个公式。从整体上来说，使用这个公式可以尽可能地接近数据点。如图 3 所示，如果我们要根据母本种子预测后代种子的尺寸，就要对每个数据点的垂直距离进行观察。同时还要注意观察平方距离，因为大的预测误差比小错误更令人担忧。皮尔逊用数学方法画出了一条线，这条线上数据点的平均平方距离最小。这就是我们所说的"最小平方线"。为了纪念高尔顿和皮尔逊的贡献，这个公式也被称为"回归方程式"。

高尔顿在对甜豌豆种子的研究中发现了回归原则，该原则是否也适用于人类呢？由于无法用同样的方法直接在人类身上做研究，于是，他收集

图 3
母本和后代种子直径

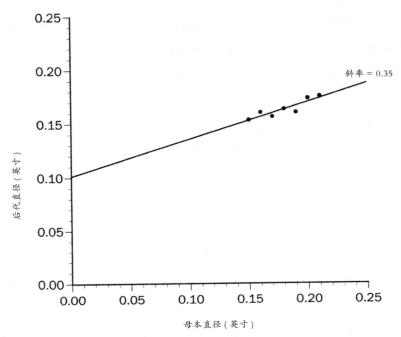

了数百位父母和他们的成年子女的身高数据。因为男性的平均身高比女性高出 8%，所以，他把研究对象中的母亲的身高乘以 1.08。然后，他计算出每对父母的身高平均值为 1.73 米。他发现，子女的平均身高与父母相同，都是 1.73 米。

和甜豌豆实验相同，他将所有父母按照身高分类（1.63 米至 1.65 米、1.65 米至 1.68 米等等），然后计算出每个类别中父母和成年子女的平均身高。图 4 显示了他的计算结果。如果子女的身高完全受遗传因素影响，图 4 中的曲线应该呈现出完美的 45 度角。但是，因为受到运气因素的影响，图 4 的实际情况并非如此。

如果每个类别中父母和子女的平均身高相同，那么所有数据点都会恰好出现在 45 度线上。和父母的身高相比，45 度线上方的数据点意味着子

图 4
子女身高比父母更接近平均值

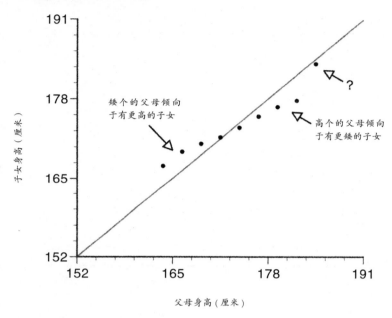

女的平均身高更高，出现在 45 度线下方的数据点意味着子女的平均身高较矮。

通常来说，高个子父母的子女会比较高，矮个子父母的子女会偏矮。然而，高个子父母的数据点会出现在 45 度线下方，因为子女有可能不如父母高；矮个子父母的数据点会出现在 45 度线上方，因为子女一般不会像父母那么矮。

这些身高数据都是实验对象自己提供的，所以，图 4 中带问号的数据点可能反映了 1.80 米这一数值更有诱惑力。就像 10 元钱听起来比 9.9 元钱贵得多，身高 1.80 米听起来也比 1.79 米高得多。在高尔顿的数据中，有几个人的父母身高为 1.80 米，其中 2 人身高 1.79 米，7 人身高 1.80 米，2 人身高 1.81 米。由此看来，身高 1.80 米可能只是实验对象一厢情愿的想法。

图 5 显示的是与高尔顿的数据最贴切的回归线，斜率为 0.69。这意味

图 5

子女身高回归平均值

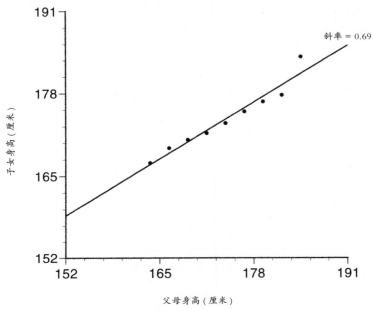

斜率 = 0.69

子女身高（厘米）

父母身高（厘米）

图 6

父母比子女更趋向平均值

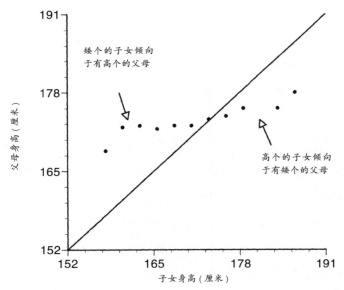

矮个的子女倾向
于有高个的父母

父母身高（厘米）

高个的子女倾向
于有矮个的父母

子女身高（厘米）

着当父母的身高在平均值上下浮动的幅度为 2.54 厘米时（1 英寸）时，子女身高的浮动只有 1.75 厘米（0.69 英寸）。

　　均值回归也逆向反映在子女和父母身上。高尔顿把子女按照身高分类，并计算出每一类子女的父母平均身高。图 6 显示，高个子女的父母往往并没有那么高，而矮个子女的父母也没有那么矮。

　　均值回归是双向的，从父母到子女，也从子女到父母。这种解释完全是通过数据得出的，没有考虑其他因果关系。比如，高个子女真正的父亲并非是母亲的丈夫，而是另一个较矮的男人。

破译回归密码

　　高尔顿指出，由于遗传因素的影响，父母与子女的身高呈现明显的正相关。同时，他也列举了这种关系不完善的几个原因：

　　"身材不是一个简单的元素，而是包括了身体上 100 多个部位的长度或厚度。每个部位都与其他部位不同，有着独特的名称。还有 50 根独立的骨头，分别位于头部、脊柱、骨盆、双腿、脚踝和脚部。下肢的骨头也包括在内，正是它们的长度决定了整个身高。骨头之间是关节，每块关节有两根软骨，所以软骨的总数比骨头还多。头部和脚部同样能够决定身材。所有骨头组成的形状和结构决定了一个人是否驼背、腰是否挺直，或者头昂得高不高。"

　　然而，高尔顿没有意识到运气因素的影响。个子很高的父母可能运气非常好，比如喜欢运动、营养充足，所以他们从自己的父母那里继承来的基因被放大了。然而，他们的子女通常不会有这样的好运气，因此会比父母矮。同样，矮个子父母只是运气不太好，比如发育关键期生了一场大病，或者得不到充足的睡眠，导致生长受到影响，但他们的子女通常会有更好的运气，比父母长得高。这就好比有一块平庸的磁铁，吸引着子女们的身高趋向于平均值。

高尔顿并没有意识到，无论是好运气，还是坏运气，都不是由父母遗传给子女的，因此，他这样解释均值回归，实际上是不正确的：

"遗传因素一部分来自于父母，一部分来自于血统。通常来说，越往前追溯，祖先就越多，也越不同。从多个祖先种族中抽取样本，再取平均值，得到的结果和后代的平均身高相同。换句话说，人们的身高会回归均值。"

高尔顿错误地认为，影响身高的遗传因素不仅来自父母，还取决于祖父母、曾祖父母以及更早的祖先。因为人类有同一个遥远的祖先，所以受到基因库的影响比父母的影响要小。因此他指出，子女们的情况和父母更加接近。这一点正是高尔顿出错的地方。

子女的特征来自于父母，这是千真万确的。但是，父母对子女的影响，不会比祖父母对父母的影响更大。均值回归是运气造成的统计现象，而不是由远古祖先的特征造成的。这就解释了，为什么高个或矮个子女的父母身高并不那么极端。

高尔顿的以下观察更接近真相：

"在所有人口中，与平均值差别不大的人占绝大多数。因此，更常见的情况是，一个杰出的人是平庸父母的杰出子女，而不是杰出父母的平庸子女。"

身高 1.80 米的人有可能拥有 1.70 米的基因，同时碰上了好运气；也有可能拥有 1.80 米的基因，同时遭遇了坏运气。前者的可能性更大一些，因为拥有 1.70 米基因的人比拥有 1.80 米基因的人更多。因此，身材高大的父母通常夸大了基因的影响，子女的平均身高也会被夸大。

高尔顿将研究报告取名为"遗传身高的均值回归"。这项研究可能会得出错误的结论——后代的身高会越来越趋向于平均值，最终，所有人都会变得一样高。如果像高尔顿在研究中指出的那样，当父母的身高在平均值上下浮动幅度为 2.54 厘米（1 英寸）时，子女的身高只浮动了 1.75 厘米（0.69 英寸），那么下一代的身高将更接近平均值。但实际情况并非如此，均值回归并不意味着每个人的身高都变得相同，就像大联盟中的四分卫不会表现得一样平庸。

人类已经繁衍了数千代，如果人类的身高必定会趋向某个平均值，那么这种情况早就应该发生了。虽然高尔顿的研究标题中包含了"均值回归"的字眼，但他发现，子女的身高差异与父母一样。他将这一现象解释为，大自然创造了神奇的身高差异，这种差异刚好抵消了均值回归，从而得以维持自然的平衡：

"我想问的问题是，既然高个子女的父母不一定高，矮个子女的父母不一定矮，为什么每一代人在某个身高范围内的人数百分比都是相同的？答案是，在一代又一代的进化过程中，一定包含了两种状态：集中和分散。这两种状态相互中和，最终达到一种稳定的平衡状态，而这种平衡是与偏差成比例的均值回归造成的。这就如同在重物之下的弹簧会一直压缩，直到弹力与压力持平，这两种力量将会保持稳定的平衡。如果用手将重物拿开，弹簧会有显著的上升。用手压住弹簧，弹簧的弹力会增加；把手放开后，弹簧也会上升。"

做这样的假想和猜测固然很好，实际上却毫无必要。我们已经知道，均值回归是纯粹的统计结果，反映的是随机的波动，体现了身高具有随机性这一事实。高个父母的子女可能很矮，高个子女的父母也可能不高。这就是全部的真相，并不存在我们附会出的弹簧和重量之间达到的神奇平衡。

我身高 1.93 米。如果根据小数定律来猜测，我的父母、兄弟姐妹和子女的身高也都会是 1.93 米。我的父母身高的确很高，兄弟姐妹和子女也很高。毫无疑问，我的家族有高个子的遗传基因，但我自己受到了好运气的影响，所以比家里的其他人都更高一些。

投胎是门技术活

　　遗传基因能够影响身高、体重等许多特性，但不会完全决定这些特性。一个人的外在特征并不一定源于遗传基因，例如前面所说的身高。根据均值回归理论，异常父母的子女通常是正常的，异常子女的父母通常也是正常的。

　　后来，高尔顿对遗传性状的研究大部分都集中在智力方面。当时，高尔顿并没有像收集研究对象的身高数据那样收集智力方面的数据（比如智商测试的分数）。相反，他列出了一份杰出人物的名单，并且发现他们之间往往存在血缘关系。用高尔顿具有代表性的总结来说，智力的遗传"具备依附于家族的特色"。

　　他在出版于 1869 年的著作《遗传天才：法则和结果的调查》中这样写道："我想通过这本书来证明，一个人的能力是继承得来的。"高尔顿在书中记录了很多杰出的人物，以及这些人的杰出亲戚，想要以此支持他的结论。他首先列举了收录在传记书《时代男士》中的 850 名 50 岁以上的英国男子，然后从中选取了 500 名众所周知的人物。据他估计，当时的英国有 200 万名 50 岁以上的男子，这 500 人在其中的比例为 1/4000。

　　高尔顿根据这些人的不同天赋划分了几个章节：法官、政治家、将领、文人、科学家、诗人、音乐家、画家、占卜师、高级知识分子、划桨能手和摔跤手。他精心寻找到这 500 名精英的亲戚，从中挑选出有成就的人，在每一章的附录中列出他们的名单以及简短传记。

高尔顿还调查了其他国家和不同年代的杰出人物。约翰·塞巴斯蒂安·巴赫和 19 位杰出音乐家都有血缘关系。约翰·弥尔顿的父亲是一位多才多艺的音乐家，他的兄弟是法官。查尔斯·达尔文的祖父伊拉斯莫斯（医生、生理学家和诗人）甚至被公认为比达尔文还要杰出。其实，高尔顿也是伊拉斯莫斯的外孙，但他只列出了除自己之外的几位亲戚，并且谦虚地写道："我可以列举出其他家庭成员的名字，虽然他们的成就相对较小，但也具备决定性作用，能够体现出自然、历史的意义。"

高尔顿还认为，天才会被傻瓜淘汰。从公元前 530 年到公元前 430 年的 100 年间，古希腊的阿提卡地区有 45000 名 50 岁以上的男性。按照现代英国的人口比例，当时的阿提卡最多拥有一个超级聪明的人。然而实际情况是，它拥有四个超级聪明的人：伯里克利、苏格拉底、柏拉图和菲狄亚斯（更不用说生活在公元前 384 年到公元前 322 年的亚里士多德，他被公认为是最聪明的人）。

高尔顿推测，很多超级聪明的英国人都没有后代。他们有的奉行教会要求的独身主义，或者为了得到大学奖学金而遵守不婚的要求，甚至是因为挑战教会或国家而遭到监禁或迫害。这些解释是合理的，但还有另一种解释，那就是运气因素。在各个时代的文明中，都会有天才横空出世，但是在大部分时候，人类的智力水平会回归到均值。

遗传智力

1904 年，心理学家阿尔弗雷德·比奈和戴奥多·西蒙发明了史上第一个智商测试。这个测试由 54 道题组成，目的是从巴黎的学校中排除掉迟钝的学生。他们想通过测试评估学生的智力，其中包括记忆力和推理能力，这是学术成功所必需的特质。

智力有许多不同的维度，包括记忆、学习、推理和解决问题的能力。美国心理协会科学事务委员会发现：

"每个人的各方面能力都不同，有些人能理解复杂思想、迅速适应环境发展、从经验中学习、从事各种形式的推理、通过思维克服障碍，有些人的能力则相对较弱。尽管个人的能力差异可能是巨大的，但是在不同的场合和领域中，依照不同的标准，这些差异也有所不同。"

有人认为，智力测试应该包括对音乐智力、身体智力和社会智力的考察。

其实，我们并不需要用特定的定义和测试来衡量一个人的智力。因为无论使用怎样的定义和测试，只要一个人进行无数次具有可比性的测试，我们都可以将测试的平均分数看作这个人的能力。没有人会在重复的测试中得到相同的分数。有时，分数会高于一个人的能力，这可能是受到了好运气的影响；有时，分数会比真实水平低，这可能意味着遭遇了坏运气。因此，智力测试的分数将趋于平均值。如果某次测试的分数远离平均值，那么下次测试的分数通常会更接近平均值。

比如，一个人在第一次测试中得到了 130 分，在第二次测试中也许得分会变低；另一个人在第一次测试中得到了 70 分，在第二次测试中也许得分会更高。这并不能说明第一个人的智力退化了，也不能说明第二个人的智力提高了，更可能的原因是他们的分数随着状态的波动而波动。

比较父母和子女的智商，也会从中发现均值回归现象。非常聪明的父母通常有非常聪明的子女，但两者之间没有必然的联系。我们不妨观察一下任意一个子女众多的家庭。这些子女之间可能有很多相似之处，但一定不会同样高、同样强壮或者同样聪明。所以，当我们比较父母和子女的智商时，就像比较他们的身高一样，能够从中发现均值回归现象。

父母和子女的智商呈正相关，这不仅是遗传的原因，也体现了智商和环境因素之间的关系。例如，高智商的父母可能会为子女提供更好的环境，用心培养他们的智商。但是，只要这种正相关的关系不尽完美，就依然会出现均值回归现象。

就像个子高往往是受到了好运气的影响，智商高通常也伴随着好运气。父母和子女可以分享共同的基因，但分享不了运气。智商与平均值差距很大的人受到运气的影响更大，但他们的父母或子女通常不会拥有他们那样的运气。所以，他们的上一代和下一代的智商都会回归均值。极端父母的子女通常并不那么极端，极端子女的父母也是如此。

我并不是在信口开河。事实上，有一家非常棒的研究机构，以哈佛大学的传奇心理学家的名字命名为"亨利·莫雷研究中心"。这家机构收藏了莫雷和其他杰出的心理学家采集的大量数据。我们在图书馆中经常能够看到这些知名心理学家撰写的论文，论文中使用的原始数据大部分来自于莫雷研究中心。最了不起的是，这些数据都是免费的，任何人都可以挑选合适的数据重新进行研究。我与这个研究中心取得了联系，他们果真给了我 43 对夫妇和他们的子女的智商测试数据，这些子女的年龄分布在 3 岁到 10 岁之间。

按照高尔顿在身高遗传方面的研究方法，我挑选了一些智商处于平均值的父母。图 7 显示了这些父母和他们的子女的智商。45 度线上方的点意味着子女的智商高于父母，而 45 度线下方的点意味着子女的智商低于父母。

智商和平均值差距较大的父母，其子女的智商反而更接近平均值，这并不奇怪。智商最高的 10 对父母的平均智商为 118，他们的子女平均智商只有 111；智商最低的 10 对父母的平均智商为 76，他们的子女平均智商为 84。

异常父母的子女通常是正常的，正如异常子女的父母通常也是正常的。

图 7

拥有异常智商的父母，其子女的智商往往更接近平均值

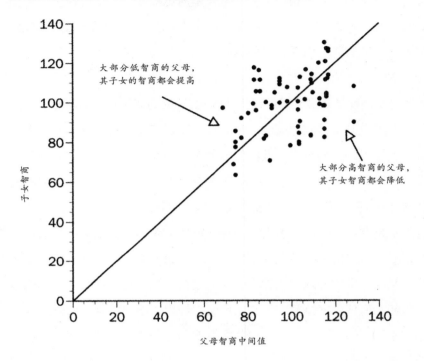

图 8 通过将图 7 中的横轴与纵轴对调来证实了这一点。现在，45 度线上方的点意味着父母的智商高于子女，45 度线下方的点意味着父母的智商低于子女。智商极高或极低的子女往往拥有智商更接近平均值的父母。具体来说，智商最高的 10 个子女的平均智商为 121，而他们的父母平均智商为 108；智商最低的 10 个子女的平均智商为 76，而他们的父母平均智商为 86。

　　非常聪明的人可能有并不聪明的子女，对此可以轻松捏造出一个解释。比如，天才都是不称职的父母，因此会使子女的智商变低；杰出人士的子女因为害怕被与父母做比较，不愿意发展自己的智力。但是，均值回归效应或许才是最纯粹、最合理的解释。

图 8

拥有异常智商的子女，其父母的智商往往更接近平均值

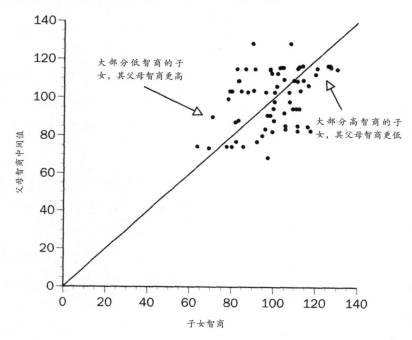

聪明妻子笨丈夫

我教过的学生中，让我印象最深刻的是一位名叫艾薇的年轻姑娘。她的学业出众，甚至当她还只是一名大学生的时候，我们就合作过一篇论文，在同行中引起了讨论。艾薇在英国获得了著名的研究生奖学金，然后去了斯坦福法学院，同时在《法学评论》任职。在斯坦福期间，艾薇曾服务于最高法院。现在，她是一名法学教授。

艾薇嫁了个好老公。但和她比起来，他没那么聪明，也没那么有成就。艾薇并不是唯一的例子。我列出了我认识的 6 名最聪明的已婚女学生，这并不是一份完美、详尽的清单，只能说明这些女性都非常有天赋。她们中的 5 位都嫁给了不如自己聪明的男人，而第六位和她的丈夫差不多聪明。她们的丈夫都不是傻瓜，却不如妻子令人印象深刻。如果用 1 ~ 10 分来评价，这些女性是 10 分，而她们的丈夫是 7 ~ 9 分。

为什么会出现这种情况？难道是因为这些高智商的女性面对聪明的男性会感觉受到威胁？或者她们希望在婚姻中占据上风？又或者她们希望在家里时也高人一等，就像在工作中一样？但最有可能的解释依然是均值回归效应。

聪明人都喜欢与智商接近的人为伍，其中存在着正相关关系。但这种关系并不完美，还会受到其他因素的影响。聪明的女人也许会被聪明的男人吸引，也有可能寻觅富有爱心、有趣或者性感的伴侣。配偶双方的智商并不存在完美的正相关关系，因此，智商远超平均值的女性，其配偶往往不那么聪明。反之亦然，智商远超平均值的男性，其配偶的智商往往更接近平均值。

莫雷研究中心的数据证实了这一点。智商最高的女性平均智商为 119，而她们的丈夫平均智商只有 109。反之亦然，智商最高的男性平均智商为 117，而他们的妻子平均智商为 107。

运动能力

每个城镇都有富有运动天赋的家庭，如果父母年轻时曾是运动健将，往往也会把孩子培养得非常强壮。因此，我们经常会看到某位教练的孩子成为了球队的明星（你可能也见识过一些黑幕——家长担任教练，以便让天赋一般的孩子成为队中明星）。

从全国层面来看，曾经出现过很多令人难忘的体育王朝。在棒球运动发展的早期，德拉汉蒂五兄弟（艾德、弗兰克、吉姆、乔和汤姆）都在大联盟打球。艾德被选入名人堂，其职业生涯平均击打率在大联盟历史上名列第五。最近几十年，迪马济奥三兄弟（乔、文斯和多米尼克）、莫里纳兄弟（本吉、何赛和雅迪尔）以及阿鲁兄弟（费利佩、马蒂和杰西）也都在大联盟打球。奇怪的是（也许并不奇怪），迪马济奥三兄弟都是中场选手。阿鲁兄弟的情况则更为罕见，他们在1963年都效力于旧金山巨人队。在一场比赛中，三兄弟同时出现在外场——马蒂在左，费利佩在中间，杰西在右。更前无古人后无来者的巧合是，阿鲁兄弟曾在同一局中轮番上阵（不幸的是，杰西和费利佩被接杀出局，马蒂被三振出局）。

还有很著名的父子组合。本书第一章中就提到过，史上最伟大的橄榄球四分卫之一佩顿·曼宁的弟弟伊莱也是一名不错的四分卫，曾经拿过两次超级碗的最有价值球员。他们的父亲阿奇·曼宁在职业生涯中虽然效力于糟糕的球队，但身为四分卫也表现出色。

肯·格里菲曾经3次入选大联盟全明星阵容，他的儿子小肯·格里菲则13次入选。1990年，也就是老肯40岁、小肯20岁的时候，他们为西雅图水手队打出了背靠背的全垒打。鲍比·赫尔（绰号"金色喷气机"）曾经12次入选全国冰球联盟全明星阵容，他的儿子布雷特（绰号"黄金布雷特"）曾经9次入选，两人都进入了名人堂。肯·诺斯是一名重量级拳击冠军，曾经打破过拳王穆罕默德·阿里的下巴，他的儿子小肯·诺斯是出色的橄榄球前锋，曾经效力于3支获得超级碗冠军的球队，并且3次入选全明星阵容。卡尔文·希尔曾经4次入选美国职业橄榄球大联盟全明星阵容，他的儿子格兰特·希尔则7次入选美国职业篮球联赛（NBA）全明星阵容。

这些案例之所以令人难忘，是因为它们只是例外。如果伟大运动员的孩子也全都是伟大运动员，那么我们就不会觉得曼宁、格里菲和希尔父子有什么了不起了。讽刺的是，我们可以想当然地推断出一个结论：运动员父母的孩子也会是运动员，并且这样的家庭真的存在，所以我们总忍不住认为这个定律永远成立。但实际上，很多运动员的孩子都只是普通人。

一般人都有选择性记忆的倾向。我们只会记得支持自己信念的东西，忽略不愿意相信的证据。为了避免自己出现选择性记忆，我对我所在地区的中学生做了统计，罗列出了其中的运动健将或者父母是运动健将的人，并从中发现了粗略的正相关关系。那些运动能力强的孩子，通常都有运动能力强的父母；运动能力强的父母，通常会有运动能力强的孩子，当然也存在着归于平庸的现象。运动能力最强的孩子，要比父母的运动能力更强；运动能力最强的父母，也比孩子的运动能力更强。

父亲是职业棒球手，儿子的棒球技术也会很好，但绝大多数不会成为职业选手。父亲在高中和大学篮球比赛创下了得分纪录，儿子打篮球只比一般人强一点。儿子是优秀的篮球运动员，父亲的篮球往往打得也不错，但不会那么好。我有一个儿子，在多个运动项目中都是顶尖选手，而我作为一名大学教授，虽然也很热爱运动，但是无法和他相比。

在这里，有双重的均值回归现象。首先，就像聪明人往往会和不如自己聪明的人结婚一样，运动能力强的人也会和不如自己的人结婚。因此，父母的运动能力平均值就会趋于回归均值。同时，运动能力很强的父母，其子女的运动能力也会趋于回归均值。

人们可能会认为，两名非凡的运动员（比如奥林匹克冠军）结合起来，他们的孩子会更有运动天赋。就像把强有力的引擎和先进的气动设计结合在一起，就能制造出一辆跑得很快的车。但是由于存在均值回归现象，运动能力在遗传方面的情况并非如此。杰出运动员的孩子通常比普通人运动能力强，但比不上他们的父母，未来的成就可能也不会超过父母。

III 教育

三个测试

　　如果我想测试一下你的世界历史知识水平，问你 20 道诸如"亚历山大·汉密尔顿是美国总统，是真是假"之类的判断题，你觉得自己能得多少分？放松，我并没有要考你的意思。但是，如果真的进行测试的话，每个人的得分都将受到两方面的影响——能力和运气。当你进行了多次具有可比性的测试后，所得分数的平均值就代表着你的"能力"。

　　如果你能答对 80% 的题，你的能力就是 80 分。但你不会在每次测试中都得到 80 分，因为测试会受到运气因素的影响，无论题目是什么，也无论你是否可以猜出答案。

　　想象一下，这 20 个问题是从海量的题库中抽选出来的。根据抽选问题时的运气，一个能力为 80 分的人可能在前一次测试中得到 90 分，在后一次测试中只得到 70 分。任何单次测试的分数都无法完全体现一个人的能力。不仅是历史测试，所有衡量才能的测试中都必然存在运气因素。

　　我们能够看到的只是分数，而不是能力。如果考虑到运气因素，我们能从测试分数中推断出什么呢？一个关键的发现是，如果某人的得分高于参加测试的其他人，那么这个分数可能来自于好运气，因此会高于他的能力。比如，得 90 分的人，实际能力可能更差（也许是 85 分、80 分，甚至 75 分），也有可能更强（也许是 95 分），只是发挥得不好。前者的可能性更大，因为能力低于 90 分的人更多。

如果一个人的实际能力低于 90 分，那么再次测试的分数大概也会低于 90 分。得分低于平均水平的人也许只是运气不好，在下次测试中可能会表现得更好一些。一次测试的分数远超平均值，再次测试的分数就会更接近平均值，这种现象就是均值回归。

为了使这一论点更加具体，图 9 显示了 45 个人的标准化测试得分。满分为 800 分，受试者的能力从 550 分到 750 分不等，平均分数为 650 分。我在此假设分数是按照能力高低平均分配的，不存在运气的因素（这显然是不现实的，只是为了澄清我的观点）。

图 9 中的最佳拟合线贯穿原点，斜率为 1，这意味着能力是预测分数

图 9
根据能力决定的分数

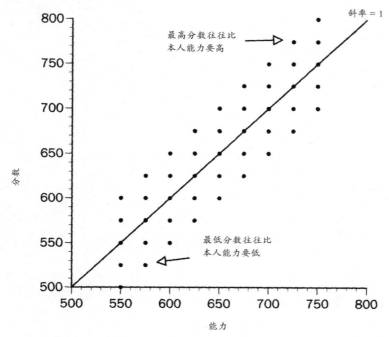

的最佳因素。然而，分数的分布呈现出了有趣的模式。线以上的分数比实际能力高（运气很好），而线以下的分数比实际能力低（运气不好）。注意，得分最高的人往往拥有更好的运气，分数也比实际能力高；而得分最低的人往往拥有更差的运气，分数也低于他们的实际能力。

具体来说，分数最高的 5 个人平均分是 767 分，而他们的平均能力只有 733 分。如果再做一次内容相同的测试，他们大概不会发挥得这么出色，因为他们不会再有这么好的运气了。

另一方面，分数最低的人，实际能力比得分要高。如果再进行一次测试，他们的表现不会如此糟糕，因为运气不会这么差了。

图 10 显示出均值回归的趋势。该图将横轴与纵轴对调，用分数来评估能力。因为能力是预测分数的最佳因素，所以，我们可以认为纵轴既能

图 10
由分数预测的能力

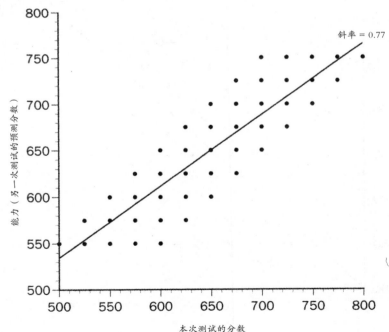

体现一个人的能力，还能预测下一次测试的分数。

　　该图的最佳拟合线的斜率为 0.77，因为均值回归的趋势，数值小于 1。在另一次测试中，尽管测试的主题和难度相同，但分数高于平均分 100 分的人预测得分只会高于平均分 77 分，而分数低于平均分 100 分的人预测得分也只会低于平均分 77 分。

　　运气对能力的影响越大，均值回归的趋势就会越大。图 11 显示了当运气因素加倍时，分数和能力之间的关系。最佳拟合线的斜率下降到 0.45，显得更平了。在另一次测试中，当一个人的得分高于或低于平均分 100 分时，预测得分将高于或低于平均分 45 分。

　　当运气的影响更大，而能力的影响更小时，拟合线会变得更平。取得

图 11

更受运气影响的由分数预测的能力

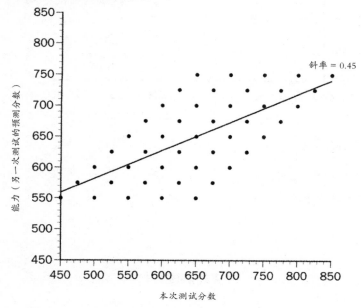

极端的分数则完全受运气影响。假设测试由机器打分，如果机器出了故障，分数将只是随机的数字，和受试者的能力没有任何关系。图 12 显示，假

如分数都由运气决定，拟合线会是水平的，因为分数完全无法帮助我们评估一个人的能力。如果无法区分每个人的能力有何不同，最好的办法就是假设他们都得到了平均分 650 分。

图 12
纯属运气影响的由分数预测的能力

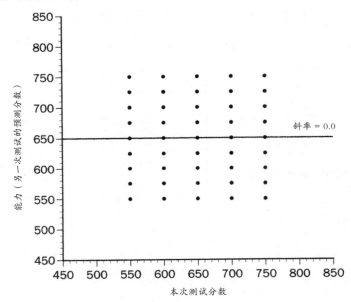

在极端得如同神话般完美的测试中，没有任何运气因素，一个人在每次测试中的得分都是相同的，不会出现均值回归现象。但在现实生活中，测试结果是不完美的，分数将会趋于均值回归。

真实的测试分数

考试成绩的均值回归不只存在于理论中。在我教的班级里，期中考试成绩最好的学生在期末考试中的成绩往往并不那么好，期中成绩最差的学生则会在期末表现得好一些。难道随着学期的进展，我的学生变得中庸了吗？难道成绩差的学生在努力，而成绩好的学生却在偷懒？还是前者被失败的恐惧所激励，后者却变得骄傲自满？这当然是有可能的。但是，换个角度来看，期末成绩最好的学生，期中考试的表现会差一些；期末成绩最差的学生，期中的表现会好一些。由于期末考试在期中考试之后，因此很难认为它对后者会产生什么影响。

对此，均值回归效应或许是最合理的解释。用它来解释两种情况都说得通，无论哪次测试在先。任何一次测试中得分最高（或最低）的学生，在另一次测试中的得分都会趋于平均分。

那些得分最高的学生都发挥得特别好，超过了平均水平，因为测试题目刚好是他们之前熟悉的。他们是好学生，发挥得也很出色，但并不是异常优秀的学生。如果再来一次测试，他们中的大部分都不会得到这样高的分数。

图 13 显示了我所教授的统计学入门课在 10 年间进行的 12 次期中和期末考试的成绩散点图。如果没有回归现象，分数会均匀地散布在 45 度线附近，但实际情况并非如此。那些期末成绩比期中好的学生，分数都高于 45 度线；期末成绩比期中差的学生，分数都低于 45 度线。期中考试成绩最好的学生都在线以下（期末表现没有那么好），而期中成绩最差的学生普遍都在线以上（期末表现更好）。

具体来说，成绩排名前 10% 的学生，期中平均分为 99 分，而期末平均分为 87 分；排名后 10% 的学生，期中平均分为 54 分，而期末平均分为 69 分。

图 14 将横轴与纵轴对调，现在，期末成绩最好的学生在线以下（期中表现没那么好），而期末成绩最差的学生普遍在线以上（期中表现更好）。在这张图中，期末成绩排名前 10% 的学生平均分为 95 分，期中平均分为 92 分；期末成绩排名后 10% 的学生平均分为 55 分，期中平均分为 68 分。

图 13

期中成绩最好和最差的学生期末成绩都更接近平均值

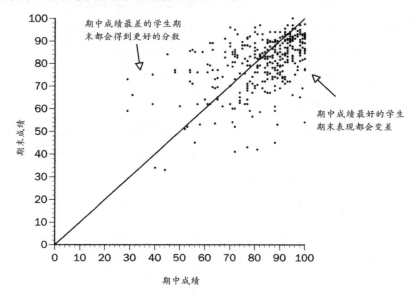

图 14

期末成绩最好和最差的学生期中成绩可能更接近平均值

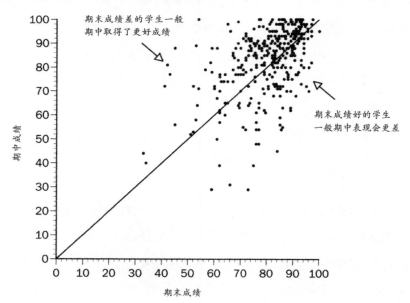

这就说明，考试成绩会趋于均值回归。

统计数字并不能完全解释为什么期中表现不好的学生分数会提高，为什么期中成绩优秀的学生分数会下降。或许，成绩差的学生期中以后加倍努力了，而高分学生却没有这样做。在下一节中，我们将解释如何把回归效应的影响分离开来，以确定一个人的能力在不同的测试中是否会有改变。

信息不对称

我教的统计学的课程成绩由几部分组成，其中的 20% 基于期中考试分数，40% 基于期末考试分数，二者相加为总成绩的 60%。在期中考试之后、期末考试之前，我会让学生选择是否放弃期中考试成绩，只把期末考试成绩作为那 60%。我的理由是，考试成绩能够衡量学生的能力，而学生比我更了解自己的能力。那些认为在期中考试中运气不好的学生可以用期末的成绩来证明自己，那些认为自己超水平发挥的学生可以保留成绩，并庆幸自己是幸运的。

当两个人面对同一件事时，一个人比另一个人更了解真实的情况，这就是信息不对称。例如，保险公司认为贾斯汀的健康状况处于平均水平，想要卖保险给他，但贾斯汀知道自己身体不好。我提出的选择保留或放弃期中成绩的建议，则具有更加积极的效用，会让大家更有动力学习。

在期中考试中得到 C 或者更差成绩的学生，通常会接受这个建议。但是有个学生没有抓住问题的关键，竟然问我到底是应该坚持失败的期中成绩，还是应该在期末奋力一搏。还有很少一部分在期中考试得到 B、B+ 甚至 A- 的学生会选择放弃成绩，因为他们认为自己的能力没有全部发挥出来。

实际情况是，60% 接受这个建议的学生赢得了赌注，在期末考试中取得了更好的成绩。另外 40% 的学生显然错误地预估了自己的能力，期末的表现比期中更差。

　　我喜欢我的建议，因为学生如果赌输了，那么就需要自己承担后果。没人可以反悔："没关系，我还是决定保留期中成绩。顺便问一下，是否可以把我的期末成绩作废？"但是，美国的高考却不是这样，学生可以反复参加考试，而很多大学只看最好的那次成绩，这种做法是存在缺陷的。与之相比，考察一名学生的平均成绩更有意义。

振奋士气，不一定要靠惩罚

心理学家、《思考，快与慢》的作者卡尼曼与行为科学家阿莫斯·特沃斯基发现，人类在做决策时倾向于依靠一个参考点，他们将这种现象称为"锚定"。我的统计学班上的一名学生写了一篇论文，描述了这个现象的弱点。他随机选择了一些学生，请他们回答以下两个问题之一：

如果玻利维亚的人口是 500 万，请预估保加利亚的人口。

如果玻利维亚的人口是 1500 万，请预估保加利亚的人口。

那些被问到第二个问题的人，通常比被问到第一个问题的人给出的预估数字更高。还有几个类似的问题都证明了一件事——人们倾向于用已知的"事实"作为他们猜测的依据。

汽车经销商往往用锚定来操纵我们付出更多的钱。我们先看到经销商给出的初始价格，然后再和对方商定出最终价格，通过比较二者的差异来判断这笔交易是否划算，无论初始价格有多么不切实际。因此，有经验的汽车销售员都会先开出很高的价格，再开始讨价还价。

人性的另一个弱点是对均值回归的忽略。卡尼曼曾经试图说服以色列的飞行教员，如果用表扬代替惩罚，学员会进步得更快。但一位高级教员表示反对，他这样告诉卡尼曼：

"在很多时候，我都会称赞学员，因为他们能漂亮地执行一些特技动作，但通常来说，当他们再次尝试时会做得很糟。但是那些经常挨骂的学员，在下次飞行时会做得更好。所以，请不要告诉我们，表扬使人进步而惩罚不会，实际情况恰恰相反。"

他们认为，那些受到表扬的飞行员会因为自满而不再用功；那些因为表现不好而挨骂的飞行员，则会由于害怕被踢出训练计划而变得更用功。

卡尼曼认为，还有另一种完全不同的解释。他用粉笔在地板上画了一个标记，让每位教员背对标记连扔两枚硬币。接下来，卡尼曼测量了每位教员扔的硬币和标记之间的距离。有些教员比其他人扔得更准，但是第一次扔得更接近目标的教员，第二次的表现通常都不好，那些第一次扔得较远的教员则相反。他们投掷硬币的能力会在如此短的时间内发生变化吗？最好的投手变得自满，最差的投手变得更认真？不太可能，因为在扔第二枚硬币之前，没人能看到第一次的成绩。

关键是，如果我们反过来分析，那些第二次表现较好的教员，第一次都表现一般；而第二次表现不佳的教员，第一次的表现通常更好。第二次的表现怎么会影响第一次呢？

这个问题看似矛盾，其实答案很简单：那些在某次投掷中表现出色的教员碰上了好运气，也许是扔硬币的角度和力量合适，也许是硬币落地后反弹和翻滚的方式恰到好处。好运气不会总是出现，因此他们在另一次投掷中的表现不会那么好。同样，在一次投掷中表现不好的教员是因为运气不好，而另一次的运气就不会那么差了。

同样，一些飞行员的能力肯定比其他人强，但运气因素的影响依然不可忽略。无论能力如何，每个飞行员的表现都会起伏不定。表现最好的飞行员有可能是运气更好，而他们的能力通常不会比平均值更高。因此，无论教员表扬、批评还是什么都不说，他们下一次都不会表现得这么好了。反驳卡尼曼的高级教员误认为是他的赞美让学员变得更糟，而事实是这些学员并不像看起来的那么优秀。同样，那些表现最差的飞行员并没有那么差劲，即便没有受到批评，下次也会表现得更好。

后来，卡尼曼解释道："我知道，扔硬币测试无法改变他们的一贯做法。"然而，"这是一个欢乐的时刻，我理解了这个世界的一个重要事实：我们倾向于奖励做得好的人，惩罚做得不好的人。从数据来看，因为均值回归现象，我们奖励别人时会受到惩罚，而惩罚别人时会受到奖励。这是人性的一部分。"

飞行训练

我和雷德·多尔西·帕马特用美国海军飞行训练的实际数据，对卡尼曼的理论进行了研究。这些数据表明，飞行成绩很容易出现均值回归现象。更重要的是，它们显示了在训练过程中应该如何评估飞行员的能力变化。

我们的数据来自六期飞行训练的最后一个阶段。在这个阶段，飞行员会在军官的监督下，练习在航空母舰上单独降落。军官会在每次飞行后给学员打分，并做简要说明。

在航母上降落时，飞行员的目标是用尾钩钩住航母甲板上三条拦阻索中的一条。以下是科里·约翰斯顿上尉的描述：

"日间降落从航母上方2000～5000英尺的地方开始。飞机飞行至航母后方800英尺处开始盘旋，随后进行一次过载为2g（飞行时产生的加速度超过重力加速度的倍数称为过载，"重力加速度"用"g"来表示，超过2倍就是2g）的转弯，以达到能够放下襟翼和起落架的空速。然后，飞机会放下起落架、襟翼和拦阻钩，并下降到600英尺，到达下风道上。当飞机正对航母的船尾时开始下降，并进行180度左转弯，转弯率控制在每秒20～22度，同时以每分钟200～300英尺的速度下降。转过90度后，飞机将下降到450英尺，这时要将下降速度提高到每分钟500～600英尺。在325～375英尺的高度，飞行员通过目视确定航道，然后开始降落。

"在民航和空军飞行中，飞机降落时会大幅减速。而在舰载机飞行中，飞机需要在一定的高度一直保持着转弯的状态。如果机头向下，意味着飞机速度太快。如果机头向上，意味着飞机速度太慢。如果飞机速度太快，可能会错过拦阻索，这种情况被称作钻机；如果钩住了拦阻索，将会造成制动装置的电机负担过重，或者导致尾钩从飞机上脱落。如果飞机速度太慢，则有可能降落失败，甚至导致坠机。"

在航母上降落，显然是复杂且具有挑战性的任务。无论飞行员多有天赋，都不会在每次降落时表现得同样出色。

图15显示了10位飞行员在两个星期里进行的1828次飞行中的测试分数。0分为不安全，2.5分为鲁莽，5分为完美。平均分数是2.71分。

图15
降落分数

分数	含义	降落比重（%）
5.0	完美通过	0.0
4.0	有良好矫正的合理偏差	6.2
3.0	合理偏差	57.7
2.5	鲁莽	0.0
2.0	平均以下，但安全通过	30.6
1.0	重飞	5.6
0.0	不安全，严重失误	0.0

我们计算了每位飞行员每天的平均得分，并且在连续的几天里比较这些平均分。我们想要研究他们的得分是否会回归到平均值，还想弄明白如何用分数来评估飞行员每天的能力变化。

图16显示了飞行成绩的变化规律。高分后面不一定是低分，低分后面也不一定是高分。

图 16
分数变化

之前分数	现在的分数			
	1	2	3	4
1	17	40	44	0
2	35	187	283	18
3	42	279	602	65
4	1	17	58	23

事实上，连续两次分数完全相同的情况占到了 48%。如果用 1 ~ 4 分来为连续表现打分，其中得到 2 ~ 3 分的有 88%。但根据卡尼曼的理论，其中存在明显的回归现象。极端的分数会向平均值回归：有 77% 的 4 分学员退步了，83% 的 1 分学员进步了；32% 的 3 分学员下一次表现更差，而 7% 的 3 分学员取得了进步；58% 的 2 分学员下一次表现得更好，而 7% 的 2 分学员变得更差。

凯利公式

楚门·凯利是哈佛大学的教授。他在 1947 年写了一本长达 772 页的书，叫做《数据基础》。这本厚重的书中隐藏着一个了不起的公式——凯利公式。这个公式表明，要想预估一个人的能力，可以将这个人的表现和他所属群体的平均表现进行加权：

"预估能力 =R× 表现 +（1-R）× 群体平均表现"。

R 指的是信度，能够衡量表现的统一程度。如果一组学生参加了两次具有可比性的考试，信度就能体现两次考试成绩之间的相关性。

假设所有高中生都参加同一场考试，我们对每个应试者都一无所知，他们的表现就是考试分数，平均群体表现则是平均分数。所以，凯利公式是：

"预估能力 =R× 分数 +（1−R）× 平均分数"。

如果所有分数都是随机的，就好像每名学生都瞎蒙答案一样，那么信度将会是 0，此时，对每名学生的能力最好的预估就是他们的平均分数。

另一个极端是，在完全可靠的测试中，一些学生的表现比其他学生好，但无论测试几次，同一个学生的分数都相同。那么，对于学生能力最好的预估就是他们的得分。这也是有道理的。

在实际情况下，测试不会完全不可靠，也不会百分百可靠。我只是用这些愚蠢的极端情况来证明，凯利公式在任何情况下都适用。如果无法解释这些可能的情况，那么它就是一个有缺陷的公式。

如果这些可比性测试间的相关性为 80%，那么信度为 0.80。在这种情况下，用凯利公式预估一个人的能力时，80% 基于本人的得分，20% 基于平均得分：

"预估能力 =0.80× 分数 +0.20× 平均分数"。

假设平均分数是 60 分。得到平均分数的人，预估能力等于平均值。得分超过平均分数的人，预估能力高于平均值，但不会像分数高得那么多。例如，得到 90 分的人，预估能力为 84 分。同样，得分低于平均分数的人，预估能力低于平均值，但不会像分数低得那么多。例如，得到 30 分的人，预估能力为 36 分。

如果你觉得这看上去像是均值回归，那么你是对的。当分数远离平均值时，实际能力更接近于平均值，凯利公式的奇妙之处就是能够告诉我们其接近的程度。

凯利公式采用了 20 世纪 40 年代（以及之后几十年）非常盛行的常规统计方法，也可以说源自近几年非常流行的贝叶斯定理。

运用贝叶斯定理时，在测试前要先预估一个人的能力。得到结果后，再根据结果修改预估值。这种方法被称为后验预估，根据测试的可靠性给予测试一定的权重。

"后验预估能力 =R × 分数 + （1−R） × 预测能力"。

如果我们没有任何理由认为一名学生的能力与平均水平有差距，那么对这名学生能力的预估就是平均分数。这样的话，对这名学生能力的贝叶斯预测就相当于凯利公式：

"后验能力 =R × 分数 + （1−R） × 平均分数"。

贝叶斯定理的好处是，它可以帮助我们理解凯利公式因何成立。在测试之前，我们无法知晓一名学生的能力是否高于或低于平均水平；在测试之后，我们可以根据分数来判断学生的能力与平均水平的差距。但均值回归效应告诉我们，极端表现（无论是好还是坏）通常来自能力并不极端的人。所以，我们要根据分数来修改对学生能力的评估，但不完全将其作为能力的体现。另外，贝叶斯定理允许我们在学生重新考试的情况下重新进行预估。

让我们来看看如何操作。

凯利公式在飞行员训练中的应用

我将使用飞行员训练数据来展示凯利公式如何通过分数预估能力，以及如何通过额外的测试修改预估能力。

连续几天的训练得分之间的相关性是 0.51，所以这是我们对测试可靠性的预估。10 号飞行员在第一天训练中的分数是 2.78，平均分数是 2.35，所以他的预估能力是 2.57：

预估能力 =R × 分数 + （1−R） × 平均分数 =0.51×2.78+（1−0.51）×2.35=2.57。

他第一天的得分高于平均水平（2.78 高于 2.35），但是考虑到均值回归，他的能力实际上更接近于平均值。

现在，我们对 10 号飞行员能力的预估是 2.57。在训练的第二天，如果他的得分超过 2.57，我们就上调预估值；如果他的得分低于 2.57，我们就下调预估值。

10 号飞行员第二天的训练分数是 2.71，略低于第一天的 2.78。愤怒的飞行教官可能会得出结论：飞行员因为受到了表扬，所以表现变糟了。

但实际上，2.71 分并不差，因为我们先前预测他的分数会从 2.78 降到 2.57，而他实际得到了 2.71 分，这意味着我们应该上调对他的能力预估。与其为得分略微下降而感到失望，不如为得分没有像预期那样下降而感到高兴。

根据凯利公式，我们应该把 10 号飞行员的能力预估从 2.57 上调至 2.64。之后的每一天，都要根据当天的分数与预估能力之间的差异，对他的预估能力进行调整。

图 17
10 号飞行员的分数和能力

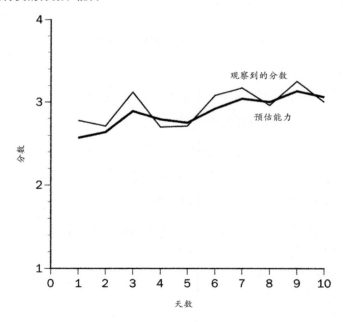

图 17 显示了在为期 10 天的测试中，10 号飞行员的分数和预估能力的变化。到了第 10 天，他的预估能力从 2.57 上升至 3.06。10 名飞行员中的 9 名都在训练中得到了提高，唯一的例外是 9 号飞行员。

图 18 显示，他的能力最初被预估为 2.45，曾经被上调，然后又被下调为 2.45，和第一天的分数一样。

图 18
9 号飞行员的分数和能力

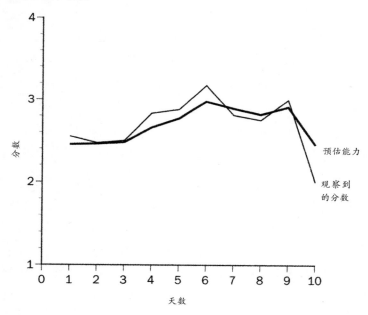

这个例子很好地证实了卡尼曼的理论，也表明了当考虑到均值回归因素时，应该如何预估一个人的能力。如果最初分数高于平均值的飞行员比预期退步得少，最初分数低于平均值的飞行员比预期进步得多，那么这次训练就是成功的。在这个案例中，10 名飞行员中有 9 名的能力提高了，还有 1 名没有表现出能力变化。

凯利公式非常有用，因为它不仅体现了均值回归现象，还能告诉我们可以期待的回归值。凯利公式教会我们如何根据表现预估能力，如何根据额外的表现调整预估能力。

它不仅适用于飞行员训练、教育测试、体育和商业领域，也适用于任何受运气因素影响导致表现和能力不匹配的情况。

冤枉钱

爱玛是格林利夫学校的董事会成员。这所学校是一所贵族私立学校，提供从幼儿园到八年级的教育。爱玛告诉我，格林利夫位于富人聚集的郊区。尽管那里有很多优秀的公立学校，格林利夫的校长还是成功地说服了很多父母，让他们每年花费1万多美元，把孩子送到格林利夫来接受教育。

爱玛说，有两类父母会把孩子送去格林利夫。一类是富人，他们想通过孩子和其他富裕家庭建立联系，同时希望孩子有个安全的环境，避免受欺负，或者被公立学校的"坏孩子"引入歧途；另一类是移民，他们认为自己的孩子必须去私立学校，以便接受良好的教育。

格林利夫的校长用精美的PPT向这两类父母展示，学生将会参加各种有益的活动，而且能在国家标准化考试中取得优异的成绩。

在一次家庭聚会上，爱玛对自己的亲戚瑞秋提起了这些成绩。瑞秋拥有教育学博士学位，同时担任学校的特邀专家。瑞秋说，在全国范围内进行比较可能会产生误导。因为与位于郊区的学校相比，许多乡村和大城市里的学校表现不佳，这会导致全国的平均分数下降。因此，当格林利夫从郊区招收学生时，会采用全国学校的平均分数来做比较，而不会采用郊区学校的分数。

爱玛说："再多说一点。"于是瑞秋继续向她解释，长期以来，标准化测试都是用来评估学生的。通过测试可以找出学生的缺陷，并将学生分到适合他们能力的班级。然而，如今很多地方用标准化测试来评估教师和学校。

这并不一定公平，因为学生不是随机进入学校的。父母选择住在哪个社区，把孩子送到哪所学校，都可能取决于家庭收入以及父母对孩子教育的关心程度。

用平均考试成绩来评估教师和学校能力的做法是错误的。有些班级的成绩更好，有些学校的成绩更好，原因在于学生，而不在于学校或者老师。

当意识到这一点后，很多地方改变了做法，用每年的成绩变化来评估教师和学校的能力，但学生人数的变化也会带来问题。比如，今年的六年级学生平均成绩比去年的六年级学生好，或许是因为那些差生离开了学校。

我们已经知道，考试成绩会回归均值。如果不考虑回归的因素，考试分数的变化可能会被误解为能力的变化，然而分数并不能完全代表能力。在类似格林利夫这样的学校中，这些问题可能体现得更明显。因为这里的学生数量少，入学有选择性，学生的流动性也更大。

第二天，爱玛打电话给我，请我针对格林利夫的考试分数做一个统计分析。于是，我先做了一点背景调查。很多父母告诉我，他们送孩子去格林利夫是为了高分数。

事实上，格林利夫的课程比其他学校要提前一个学年。比如，这里四年级学生的课程相当于当地公立学校五年级学生的课程。但是，这里四年级学生的年龄平均来说也年长 1 岁，相当于公立学校五年级学生的年龄。

我还了解到，每年有 20 名学生（10 名男生和 10 名女生）进入格林利夫幼儿园，入园考试是招生过程中的重要部分。学生被录取后，教育档案局（ERB）会记录学生从一年级到八年级的成绩，以此评估他们的进步情况。

随着时间的推移，有的学生离开了格林利夫，新的学生不断补充进来。格林利夫始终保持每个班级有 20 名学生，男女各占一半。为了对学生们的分数进行有意义的评估，我意识到，有可能新来的学生比离开的学生能力更强，这种情况必须要考虑到。我需要得到所有学生的分数，这样才能区分新学生和始终待在格林利夫的学生。

校长拒绝提供这些数据，说这是机密，还说有些分数记录已经被销毁，其余的被封存了起来，无法看到。爱玛说服了格林利夫的高层，为她提供了分数的存档。她花了一下午的时间在档案箱里查找，成功找到了 2006 年、2007 年和 2008 年毕业的班级从一年级到八年级的完整分数记录。

爱玛用数字代替了学生的名字，以保护他们的隐私。她认为这是一项严肃的工作，特别是校长拒绝交出分数记录的行为，让她感到十分可疑。

爱玛把数据交给我之后，她的怀疑被证实了。

我们无法确定的是，如果格林利夫的学生就读于另一所学校，他们的成绩会如何。但是在理论上，有一种方法可以解决这个假设。我们可以选取一组申请进入格林利夫并考试合格的学生，通过掷硬币来决定哪些可以入学，哪些不能，并在未来 8 年中比较他们的成绩。这并不具备普遍意义，但会是一项可控的实验。

虽然看似不太可行，但在 20 世纪 60 年代，密歇根州的伊普西兰蒂确实推出过一项实验性的学前教育计划。该计划面向低收入家庭的孩子，以抛硬币的结果作为录取标准。如果没有采用抛硬币的方式，将会出现不同的结果。申请学前教育计划的父母和没有申请该计划的父母有着显著的不同，也许前者有更好的工作或者更关心孩子的教育。但是，如果无法知道这些父母之间存在怎样的差异，最好的办法就是把申请者随机分入学前班和非学前班。就像在医学研究中会随机给一些人药物，给另一些人安慰剂。

伊普西兰蒂的研究表明，参加学前教育计划的孩子更有可能完成高中学业，犯罪率更低，也更容易找到工作。对于那些在抛硬币时没有被选中的孩子来说，这也许有些残酷，但是这项实验证明了学前教育的价值。

格林利夫在处理入学申请时不会采用抛硬币的方式，所以我采用了另一种方式：比较这里的学生和竞争学校的学生的成绩差异。

我把精力放在了阅读理解和数学的成绩上，因为只有这两门是每年都要考的科目。教育档案局将考试分为三个标准：

国家标准：全美学校；

私立学校标准：美国和海外的私立学校；

郊区学校标准：美国郊区的公立学校。

格林利夫坐落在拥有众多优秀公立学校的郊区。但是，格林利夫再出色，也未必能够说服父母们每年为私立学校支出数千美元。他们需要相信格林利夫明显优于当地的公立学校，因此，郊区学校标准最适合格林利夫。

我对数据进行了初步研究，证实了瑞秋的说法：格林利夫使用的是国家标准。

图 19 显示，格林利夫的学生在参加教育档案局考试的第一年，无论按照国家标准还是郊区学校标准，成绩都在 90 分以上。此后，继续在格林利夫接受教育的学生，如果按照国家标准，成绩依然能够保持在 90 分，但是如果按照郊区学校标准，成绩就下降到了 70 分。

对于一年级的学生来说，郊区学校标准和国家标准类似。在其他学校排名前 10% 的学生如果转学到郊区学校，也能进入前 10%。然而在之后的年级中，国家标准中的 90 分，只相当于郊区学校标准中的 60 ~ 70 分。在全国学校排名前 10% 的学生如果转学到郊区学校，只能勉强高于平均水平。这证实了不同标准的学校之间的区别，也证实了格林利夫的校长在数据统计方面的误导。

对于格林利夫的学生成绩迅速下降，也许还可以这样解释：教育水平

图 19

格林利夫学生分数使用国家标准和郊区学校标准

年级	阅读		数学	
	国家标准	郊区学校标准	国家标准	郊区学校标准
1	94.5	91.2	98.4	90.2
2	87.1	68.0	94.9	77.3
3	87.4	67.9	90.9	73.2
4	90.3	73.0	91.3	77.7
5	87.3	66.1	92.4	72.8
6	83.3	62.9	89.7	76.8
7	80.0	62.2	91.0	68.8
8	88.0	62.5	92.8	64.2

应该通过考试成绩的变化来衡量，而不是通过考试成绩的高低来衡量，而且应该考虑学生组成的变化。我们要追踪的是那些在格林利夫"常驻"的学生的成绩，这样就能筛选掉那些新来的好学生，从而避免被数据误导。

在我收集的数据中，在格林利夫完成 8 年学业的学生数量为：2006年 9 名，2007 年和 2008 年分别为 13 名。当我仔细研究这些数据时，发现全校学生的平均成绩会因为学生的不断更替而人为地增长，因为：

1. 从格林利夫退学的学生一般比留下来的学生分数低；

2. 新来的学生分数普遍高于离开和留下的学生。

图 20 显示，留下来的学生成绩下降，甚至低于图 21 显示的整体分数。从一年级到八年级，常驻学生的阅读分数从 93.0 下降到 54.0，数学分数从 94.5 下降到 63.5。图 21 显示的是常驻学生的整体成绩，下降得没那么明显，但这两个科目的分数看起来依然令人震惊。

也许这种现象可以用均值回归来解释。格林利夫是一所有选择性的学校，只会录取入学成绩优秀的学生。因此，我们认为这些学生的能力并不像测试分数那样出色。如果是这样，这些学生被录取后，在接下来的考试中取得的分数将更接近于平均值，问题是，"有多接近"。如果一名学生

图 20

全部学生和常驻学生的平均分数

年级	阅读		数学	
	全部	常驻	全部	常驻
1	91.2	93.0	90.2	94.5
2	68.0	69.0	77.2	81.1
3	67.9	70.8	73.2	80.2
4	73.0	70.4	77.7	83.9
5	66.1	60.9	72.5	71.8
6	62.9	58.4	76.8	78.4
7	62.2	55.8	68.8	68.1
8	62.5	54.0	64.2	63.5

图 21

读过全部八个年级学生的平均分数，郊区学校标准

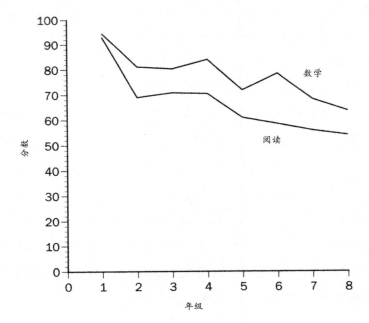

在入学考试中得了 90 分，而他的能力只有 80 分，那么在下一次考试中，如果他得了 80 分，我们就不应该感到惊讶或者失望；如果他得了 90 分，我们应该高兴；如果他得了 70 分，我们才应该感到失望。

和飞行员的例子一样，我们也可以用凯利公式来解答这个问题。根据教育档案局的记录，阅读测验的信度为 0.91，数学测验的信度为 0.85。使用这些数字，可以通过凯利公式来评估每个学生的能力，从一年级开始直到八年级毕业。

图 22 显示了格林利夫学生的平均预估能力，每年都会根据当年的考试成绩进行调整。在阅读这一项，常驻学生的平均预估能力从一年级的 90 分下降到八年级的 62 分。35 名学生中的 34 名能力出现了下降。在数学这一项，平均预估能力从一年级的 88 分下降到八年级的 73 分。35 名学生中的 32 名能力出现了下降。

图 22
格林利夫上满八年学生的预测平均能力

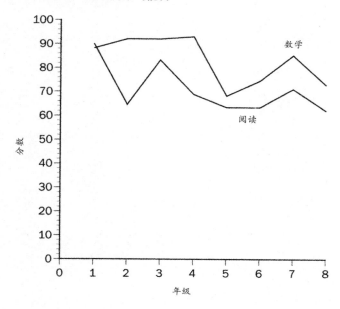

结果证实了爱玛担心的情况：格林利夫学生的父母花了冤枉钱，他们或许能够得到其他回报，但换来的并非卓越的教育。

学习与忘却

在美国，有许多州要求学生参加标准化考试。人们可以根据考试成绩来评估学生、教师和学校的能力水平。比如，马萨诸塞州的公立学校根据1999年的考试成绩设定了2000年的增长目标。大部分在1999年成绩垫底的学校达成了目标，而很多成绩优秀的学校不仅没能完成任务，成绩反而下降了，这引发了一片错愕。从这些数据来看，似乎差学生都在努力学习，而好学生在努力忘却。

然而，无论是进步还是退步，其中的部分原因都可以用均值回归来解释。虽然我没有马萨诸塞州的详细数据，但是可以用加利福尼亚州的数据说明这一点。

加利福尼亚标准测试与评估计划

那些在二年级考试中得到90分以上的学生，有可能是超水平发挥。如果让他们再考一次，也许成绩就不会这么出色了。学生、家长和老师应该预料到分数会下降，而不应为此责怪自己。同样，得分远低于平均分的学生也许只是发挥不好，在下次考试中可能得到更高的分数。高分也许才能更准确地反映他们的能力，而并非代表能力提高了。

这种推理同样适用于学校。取得高分的学校或许因为运气好，遇到的考题刚好是学校教过的。而取得低分的学校则运气不佳，或许考题内容不在学校的授课范围内，或许考试时天气太热而学校没有空调，或许学校正遭受传染病侵袭，很多学生都不舒服，或许有些学生根本不想好好考试。

让我们看看数据是否支持这个推理。从 1998 年到 2013 年，加利福尼亚标准测试与评估计划（STAR）要求，所有公立学校的二年级至十一年级的学生，都要参加全州标准化考试。全州的学校根据考试成绩进行排名，还要与类似地区的 100 所学校进行比较，最后，每所学校都将得到一个学业成绩指数（API）。API 的排名会公布在媒体和互联网上，并通过学校问责制报告卡汇报给家长。无论是州政府评估学校，学校领导评估教师，还是家长评估孩子、老师和学校，都是以 API 分数作为依据的。API 分数会影响到学校的课程设置以及家长对学校的印象。

API 分数从 200 分到 1000 分不等，学校的目标是达到 800 分。那些低于 800 分的学校会设置一个增长目标，增长率要达到其 API 分数与 800 分之间的差额的 5%。因此，如果一所学校的 API 为 600 分，它下一年的目标就是 610 分。API 在 800 分以上的学校，只要保持 API 分数就可以了。

一所学校的 API 分数是由全国测试分数中每 5 分学生的百分比决定的。一所真正处在平均水平的普通学校，在每 5 分都有 20% 的学生的 API 是 655 分，远低于 800 分的州目标。一所坐落在沃比根湖的学校所有学生的分数都高于平均水平，在 50 分和 90 分之间平均分布，API 分数会是 890 分。（电台节目《草原一家亲》的主持人加里森·谢勒在节目中提到了沃比根湖镇这样一个虚拟的地方，他说："那里所有的孩子都高于平均水平。"这被称作"沃比根湖效应"，教育研究人员们由此认为，想让所有学校都在国家考试中高于平均分数的观念是错误的。）

分数的确很重要，要对其进行恰当的解读，并考虑到分数随时间改变的统计因素。你猜对了，多年来，学校的 API 分数体现出了均值回归现象。

图 23 显示，2001—2002 年度表现最好的学校在 2002—2003 年度表现得并不那么好，而在上一年中表现最不好的那些学校则相反。

图 23

2001—2002 年度和 2002—2003 年度的 API 分数

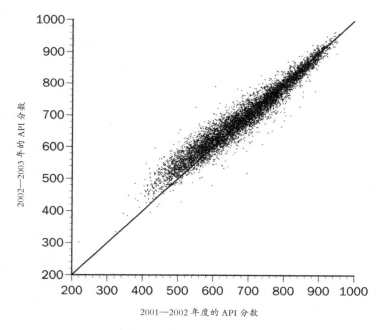

2001—2002 年度的 API 分数

总体来说，那些在 2001—2002 年度 API 高于平均分 100 分的学校，在第二年只高出平均分 87 分。根据凯利公式，如果一所学校在 2001—2002 年度的 API 为 550 分，那么它在下一年的 API 应为 577 分。考虑到这一点，API 为 550 分的学校增长目标是 563 分，大部分学校要想达到这个目标，几乎不需要做出任何努力。另一方面，2001—2002 年度的 API 为 850 分的学校，第二年的预期分数为 837 分，这就容易给人们造成"学校退步了"的错误印象。

把全美 100 所 API 分数接近的学校集合在一起，按照十分位数分组。图 24 显示了 2001—2002 学年到 2002—2003 学年的分数变化。10 分组包含了排名最高的学校，而 1 分组包含了排名最低的学校。在极端情况下，分数不会变化，只会向平均值趋近，而这正是大多数学校的表现。十分位数越接近中间值，分数变化就越小，但趋向平均值的学校始终多于远离平均值的学校。这正是均值回归的体现！

图 24

学校在 2001—2002 学年和 2002—2003 学年以 10 分计的分数变化

十分位数	增长比例（%）	不变比例（%）	下降比例（%）
10	0.0	54.9	45.1
9	21.5	24.8	53.7
8	28.7	22.4	49.0
7	31.0	16.5	52.5
6	39.0	16.3	44.6
5	44.9	16.2	38.9
4	50.0	14.6	35.4
3	50.2	21.3	28.5
2	51.3	24.9	23.8
1	49.2	50.8	0.0

我们可以用一所学校的平均考试分数来衡量它的水平，但是无法使之提高水平。虽然我们希望每名学生都达到较高的水平，但其中有很多学校无法控制的因素。难道我们应该根据无法真正体现学生能力的数据，来表彰或者惩罚一部分学校吗？

一个观点认为，想要真正考量教育水平的增值，就不应着眼于学校的平均考试成绩，而应着眼于成绩随时间的变化情况。然而，如果不考虑均值回归，成绩的变化会被误读为能力的变化。如果既要评估能力的变化，又要考虑回归现象，就应该使用凯利公式来进行评估。

根据凯利公式，我们能预测出高分的下降和低分的提高。接下来，我们就可以比较预测的数据和均值回归现象之间的差异。

2001—2002 学年，在加利福尼亚州的所有学校中，有 4749 所学校的 API 得分高于其预估能力，而 2442 所学校的得分低于其预估能力。这个数据证明，和上一个学年相比，学校的整体能力有所提高。当然，只要成绩无法完美地衡量能力，就一定有一部分学校看上去和实际情况不同。这就提醒我们，对单独某一年的分数不要反应过度，连续几年累积的证据更为可靠。最重要的是，我们应该寻找正确的方法，使用凯利公式进行预估，并将均值回归纳入考虑范围。

有效和无效

考试分数不仅被用来评估学校，还被用来比较不同的教育方法、课程和教师的教学水平。不幸的是，对均值回归的认识不足，造成了对考试成绩的多种误解。

特殊辅导

许多学校用考试成绩来判断哪些学生需要特殊辅导。那些得分较低的学生接受辅导后，如果取得了进步，辅导就被认为是成功的。但经常被忽视的事实是，因为考试成绩并不能完美地衡量能力，所以接受辅导的学生或许能力不差。就算老师什么都不做，在下次考试中，那些低分学生也能表现得更好。

我们可以使用凯利公式来证明这一点。假设考试的平均分数是 500 分，我们找到一批平均分为 300 分的学生，让他们接受辅导。如果考试的可靠性为 90%，我们可以预测这些学生的平均能力为 320。在接受辅导之后，他们在下一次考试中的平均成绩应该超过 320 分，这样才能体现辅导的作用。

所以，平均分数从 300 提高到 320 并不值得庆祝。当然，分数最低的学生可能不像看起来的那么差，但他们依然是差学生，需要通过辅导帮助来获得提高。但均值回归效应警告我们：不要满足于只提高 20 分，因为这根本不能证明什么。

SAT 考前辅导班

许多高中生在参加美国学术能力评估测试（SAT）后对考试成绩感到失望。他们报名参加昂贵的 SAT 考前辅导班，然后重考，并且取得高分。很明显，他们觉得这些钱花得物有所值。但他们没有考虑到，最初的低分可能没有体现自己的能力，尤其是当他们对自己的分数感到失望时。对很多人来说，无论是否参加 SAT 辅导班，重考时都会取得更好的成绩。

另一方面，哈佛大学针对新生的一项研究表明，参加 SAT 辅导班的学生的平均分数，反而低于没有参加辅导班的学生。哈佛招生办主任在大学理事会的区域会议上提到了上述结论，他认为这些课程是无效的，"辅导行业只是在利用家长们的不确定心理"。但是，为什么这项研究没有说服力？

事实上，哈佛招生办主任并没有意识到一个问题，那就是参加 SAT 辅导课程的学生和没有参加的学生之间的差异。选择接受辅导的学生可能认为自己的成绩不如预期，而那些没有参加辅导的学生觉得自己的成绩比预期的要好，但他们的能力很可能低于考试成绩。

最聪明的会变笨

高分考生在重考时，经常会出现均值回归现象。霍华德·威纳举了一个他在美国教育考试服务中心担任统计专家时的例子：

"感恩节前，我接到了丽安娜·瑟斯顿的电话。她在为火奴鲁鲁的一所名为曙光学校的私立学校进行教育评估和规划。瑟斯顿女士称，学校正在受到批评，因为一些学生在一年级时，阅读理解成绩能达到 90 分以上，但到了四年级，就只能得到 70 分了。成绩的下降被视为学校教育的失败。瑟斯顿女士问我，是否能够提供这个年龄组阅读理解科目的调查数据，以帮助她解决这个问题。我建议她调查一下，个子最高的一年级学生到四年级时身高的变化。她礼貌地说我没有帮上忙。"

威纳的建议其实是有帮助的，是基于高尔顿对均值回归的研究而提出的想法。瑟斯顿女士之所以无法理解，是因为她并没有意识到回归的问题。

我也遇到过类似的情况。有一次，我担任终身教授面试委员会的成员。有一位候选人的专业是教育考试，她被问到的问题是：如果学生的成绩在学年初高出平均分 1 个标准差，在学年末只高出平均分 0.8 个标准差，那么这能够说明什么？她的回答是：学校的教育不成功。

凯利公式再次发挥了作用。假设在平均分为 500 分的测试中，有一组学生的平均分达到了 700 分。接下来可以做出更为普遍的假设：学校派来了有创造力的老师，设置了丰富的课程，以便培养这些有天赋的学生。学期结束后，学生们再次接受考试，平均分从 700 分下降到 690 分。很显然，他们接受的教育实验并不成功，这让人有些难以接受。

在我们放弃这项实验之前，需要考虑均值回归的现象。如果考试的可靠性为 0.9，那么根据第一次的分数，我们预估这些学生的能力是 680 分。所以，690 分其实比预期高出 10 分，表明他们的能力在两次考试期间有所提高。

新的教学方法有效吗？

如果只考虑考试成绩，而忽略均值回归效应，那么就会出现严重的认知混乱。一些针对新教学方法的研究可能会让学生先进行测试，然后接受特殊教育，之后再进行一次测试，根据前后的成绩变化来评估这种教学方法是否成功。

假设这种教学方法实际上是没有价值的，无法改变学生的平均成绩。但是，研究数据（如图 25 所示）表明，第一次测试中得分最高的学生在接受新的教育后退步了，而得分最低的学生却进步了。看起来，这种教学方法对差生有效，对好学生不利。

如果从另一角度来看（如图 26），我们则会发现，在后一次测试中得分最高的学生，之前的得分都较低；在后一次测试中得分最低的学生，之前的得分会更高。因此能够得出结论：新的教学方法对好学生有效，而对差生不利。

无论如何看待，我们都会被均值回归现象捉弄。两张图中显示的数据其实和这种教学方法无关。在任何两次不完全相关的测试中，分数最高和分数最低的考生都会在另一次测试中更接近平均值。这意味着，在这两次测试中，新的教学方法并没有对成绩产生影响。

你还可以找出那些在两次考试中进步最大的学生（只要有运气因素，就会有这样的人），然后寻找他们的共同特点（总会有一些）。也许他们大部分穿的是浅色衣服，所以你会得出结论：浅色衣服能创造奇迹。也许很多人考试当天忘了刷牙，你还会得出结论：刷牙会让人变笨。

无论你得出怎样的结论，无论这些结论有多荒谬，你都会从不可避免的回归现象中找到证据，并以此支持你的结论。

图 25

新的教学方法对差生有效，对好学生不利

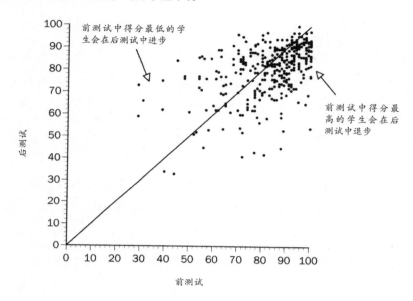

图 26

新的教学方法对好学生有效，对差生不利

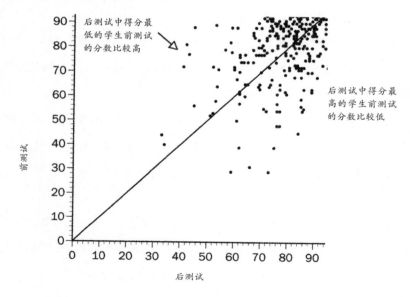

奋斗者计划

我曾经出席过一次会议。在会议上，一位黑人女高管说，在众多比自己更合适的候选人中，自己是最终被录取和晋升的那个。她对此并不感到尴尬，因为一个黑人要想在比弗利山庄成长起来是十分艰难的。一个白人长者不这么认为——他的父母因为沙尘暴从奥克拉荷马逃难到了其他地方——他低声说道："如果你觉得这就算难了，那就试试在贝克斯菲尔德棉花田的帐篷里长大吧。"

积极行动政策有许多目标，其中之一就是为弱势群体提供公平的竞争环境。而弱势群体的涵盖范围非常广，种族因素仅仅是其中的一小部分。不是每个黑人都贫穷，也不是每个白人都富有。

在 20 世纪 90 年代，美国教育考试服务中心（ETS）推出了"奋斗者计划"。该计划要求各所大学用科学有效的方式来评估申请人的社会经济背景，希望能够在受到法律挑战和现行的种族政策背景下，提高非洲裔和西班牙裔美国人的申请通过率。

ETS 研究了影响学生 SAT 成绩的 14 个社会经济因素，包括父母的受教育水平和家庭收入、家里的藏书数量、学校的地理位置（城市、郊区或农村）和学生就读的高中的质量。SAT 成绩高于期望值 200 分以上的学生被认为是"奋斗者"，将会受到高考录取人员的优待。

这项计划的总监安东尼·卡尼维尔说："在 SAT 中得到 1000 分，并不能代表能力只有 1000 分。一名'奋斗者'的分数如果是 1000 分的话，他的实际能力可能是 1200 分。通过这种方法，不仅可以看出学生现在的能力，也能看出他们进步了多少。"

这项计划听起来很明智，但也存在严重的问题。一方面，如果大学的"肯定性行动计划"被"奋斗者计划"所取代，那么非洲裔和西班牙裔美国人的录取率会下降。有色人种协进会律师和教育基金会主席西奥多·M·肖指出，许多中等收入和高收入家庭出身的黑人学生在"奋斗者计划"中可能无法被录取，从而被低收入家庭出身的白人学生取代，因为"这个国家贫穷的白人学生比贫穷的黑人学生更多"。卡尼维尔发现，"奋斗者计划"会降低非洲裔美国人的入学率，除非这项计划考虑到种族背景，但这又会让"奋斗者计划"面临法律的挑战。

一个更微妙的问题是，对那些SAT成绩高于期望值的学生来说，他们的能力更可能是被高估了。我们可以用凯利公式来验证卡尼维尔的观点。SAT分数从400分到1600分，平均值是1000分，可靠性为0.9。假设我们对这些学生一无所知，那么分数为1000的学生，预估能力是1000分。

我们可以假设，通过14个考察选项，"奋斗者"的成绩期望值是800分，因此一名1000分的学生被认为是"奋斗者"。卡尼维尔认为，如果一名学生的预计得分是800分或1000分，"那他的实际能力会达到1200分"。

但这是错误的。通过凯利公式可以预估出这名学生的能力是980分，没有达到1000分。得分高于期望值的学生，实际能力可能低于考试分数，而不是高出200分以上！

认同"奋斗者计划"的著名社会学家内森·格拉泽则辩解道："如果一名学生的物质基础和成长环境都很糟糕，但SAT成绩却很好，那么他和来自类似环境的其他学生相比，能力的差距就有可能高出分数的差距。"事实上，我们可以用凯利公式得出完全相反的结论：如果一名优势环境的学生和一名弱势环境的学生都得了1000分，那么前者可能能力更强，因为处在弱势环境的学生更有潜力，提升的空间更大。因为凯利公式把能力放在得分和期望值之间，弱势学生的分数会下降，优势学生的分数会提升。

SAT的潜在目的是预测学生在大学期间的成绩。如果一名学生的SAT成绩是1000分，而实际能力是980分，那么就不该认为他的能力是1200分。曾在美国教育考试服务中心担任首席研究科学家21年，现为全美医学考试委员会首席研究科学家的霍华德·威纳这样写道：

"一些学生在标准入学考试中的成绩很低，远低于平均水平，有人因此认为入学考试是不公平的，这些学生的表现可能被低估了。但事实恰恰相反，有充足的证据表明，入学成绩低于平均分的学生，后续表现会比预期更糟。如果我们使用凯利公式，就能准确地预测出他们变差的程度。"

我们不知道美国教育考试服务中心被说服的具体原因，但他们最终叫停了"奋斗者计划"。

IV 机会游戏

希望与借口

人类有五种物理感官——视觉、听觉、味觉、嗅觉和触觉，而超感官知觉（ESP）指的是除这五种物理感官之外接受信息的能力。ESP 包括心灵感应（读心术）和透视力（看到别人看不见的物体）。关于心灵感应，有一个测试：一个人想一个数字，让另一个人来猜。关于透视力，也有一个测试：在盒子里放一个物品，让一个人来猜这个物品是什么。

每个学期，我都会在我的统计学班上进行 ESP 测试。我抛 10 次硬币，记住每一次的结果，并且让学生试着读我的心思，然后记录他们最准确的猜测。为了鼓励认真专注的学生，我买来 1 磅盒装巧克力当作奖品。图 27 显示了某个班级中 29 个学生的测试结果。

有一个学生猜对了 8 次，但更引人注意的是，另一个学生猜错了 9 次。史上最有名的 ESP 研究者 J. R. 莱茵认为，猜错 9 次是"负 ESP"的表现（也可以称为"回避目标"）。在他进行过的此类测试中，一些受试者得到了高分，另一些受试者得到了低分，莱茵把这两者都视为 ESP 的证据。根据他创造性的见解，高分者拥有 ESP，并试图发挥得很好；低分者同样拥有 ESP，但故意给出错误答案，是为了让莱茵难堪。

我不得不说，这或许只是莱茵的一厢情愿，因为，如果你足够愿意相

图 27

学生猜测掷硬币

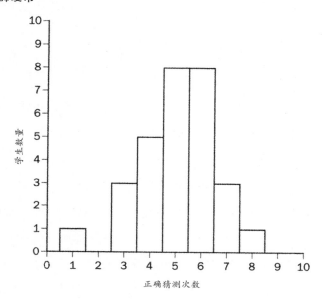

正确猜测次数

信某件事，你总能找到相信的理由。

　　莱茵再一次对高分者进行了测试，但他们的成绩几乎都退步了。最终，莱茵把这种现象称为"衰退效应"。他的解释是："毫无疑问，他们感到疲倦和无聊了。"但其实，对于这种现象，还有另一种解释：最初他们能够得到高分，只是因为幸运，而随后，他们的分数回归到了平均值。

　　假设没有 ESP 这回事，无论得分非常高还是非常低，都仅仅是受到了运气的影响。抛 10 次硬币，你最多能猜对几次呢？也许你会认为，最有可能的结果是猜对 5 次，但实际情况远非如此。事实上，只有大约 25% 的概率是正好猜对 5 次和猜错 5 次。然而，猜对 8 次的人再次测试很有可能（概率为 95%）表现变糟，而猜错 9 次的人更有可能（概率为 99%）猜得更准。均值回归告诉我们，极端的表现（猜对 8 次或者猜错 9 次）之后极有可能跟随着不那么极端的表现。对此，我们不应该感到惊讶，也无需发明"衰退效应"之类的借口。

即便 ESP 真实存在（只要没有人每次都百分百正确），这个道理也是成立的。拥有适中 ESP 的人，在一次测试中，有 60% 的概率会做出正确的猜测，长期来看，他的正确率也是 60%。即便这个人能幸运地在 10 次抛硬币中猜中 8 次，但是我们可以预期，他的长期正确率依然是 60%，这同样是均值回归现象。

如果学生们读不出我的心思，那么我的 ESP 测试就是纯粹的运气游戏。他们不如自己抛硬币，然后看结果有几次能够和我的匹配。

另一个极端是在纯技巧游戏中，每次的结果都一样。例如，在井字棋游戏中，两个同样了解游戏技巧的选手每次都会得到平局；跑得快的成年人和跑得慢的小孩进行赛跑，成年人每次都会赢。其中没有任何运气因素，因为结果是必然的，没有不确定性，所以也就不会出现均值回归现象。

除了纯运气游戏和纯技巧游戏，还有运气和技巧混合的游戏，比如扑克。有些扑克选手比其他人优秀，长期来看会赢得更多；但任何一局游戏的结果都是不确定的，部分原因还是众所周知的"发牌运气"。

假设两个人（A 和 K）玩一对一游戏。长期来看，A 平均每局预计能赢 2 美元。在刚开始的几局中，A 也许平均每局赢了 5 美元，按照均值回归现象，他接下来会平均每局赢 2 美元。同样，如果一开始 A 平均每局输了 4 美元，按照均值回归现象，他接下仍然会平均每局赢 2 美元。

有些玩家并不这么认为。他们中的一部分人认为，赢的人很可能会赢得更多；其他人认为，赢的人接下来很可能会输。然而，两者都是错误的。

手气的好坏

国家体育播报员、体育记者名人堂成员麦尔文·德斯拉格在他最后一篇报纸专栏中，回顾了他在 51 年的体育专栏作家生涯中收到的建议，其中之一来自一位著名的赌徒："希腊人尼克分享了他的秘密。他训练自己能在赌桌旁待上 8 个小时而无需去洗手间。尼克认为，这样能够在掷骰子时一气呵成，避免失去连续性。"

在硬币、骰子和轮盘赌等纯运气游戏中，无论过去、现在还是未来，每个结果都是独立的。这些游戏很公平，玩家都会有赢有输（经常出现的情况是，有时候赢，大部分时候输）。胜利的结果有时分散出现，有时连续出现。有些赌徒错误地认为连续性很重要。显然，他们认为运气像传染病一样，一旦抓住，就会持续一段时间。比如，作家、葡萄酒生产者、园丁和赌博游戏高手克莱门特·麦克奎德曾经这样建议：

"只有一种方法能够获利——输的时候少下注，赢的时候多下注。很多优秀的赌徒遵循特殊的步骤：第一，输的时候尽可能少下注；第二，赢的时候多下注；第三，手气差的时候退出，而不是在赢的时候退出。虽然数学意义上的概率最终将趋于平均，但并没有一个固定的模式。连胜和连败比输赢转换更持久。如果你连胜然后又连败，就尽可能久地少下注，看看是否还有下一个连胜。如果没有，那就趁还没输光早点退出吧。"

啊哈！好主意！如果你在下注大的时候赢、下注小的时候输，那你自然能获利，可是你怎么可能事先知道下一个赌注是赢是输？假设你在玩骰子，连续赢了 3 次，你发现自己在连胜并且很兴奋，但这只是你主观的意识和情感，并不是骰子的。游戏是人发明的，骰子并不知道什么数字能赢，什么数字会输；骰子不知道上一把发生了什么，也不在乎下一把会发生什么。概率是恒定的，而结果是独立的。

然而，赌徒希望找到一种方法来战胜概率，坚持做着手气的美梦。有人推荐这样一种战术，声称能够以此在拉斯维加斯赢得掷骰子游戏：

"在赌场里，记得经常四处看看，多走动。找一张热闹的赌桌坐下来，永远不要在冷清的赌桌旁停留。留意因为连续掷出好点数而大喊大叫的人群，还要留意四处散落大量金钱的赌桌，这些都可以成为你的选项。抓住好手气的尾巴，比跟随坏手气从头开始更加有利可图。而且，没有人能够在换赌桌后从一开始就有好手气。只要能把握住 65% 的好手气就足够了！"

玩掷骰子游戏的人如果连续赢了好几把，就会相信自己手气好，能够一直赢下去。如果真的继续赢下去了，这些信徒就会更加相信自己的手气势不可当；如果没有继续赢下去，他们也会编造一些奇怪的借口，以便坚持他们荒谬的理论。

这种情况不仅出现在纯运气游戏中。在凯尔特人队和湖人队的第二场 NBA 总决赛中，凯尔特人队的后卫雷·阿伦连续投中了 7 个三分球。一个队友说："不可思议。"另一个队友说："难以置信。"一位体育记者写道："阿伦势不可当。"另一位记者写道："阿伦已经进入只有超级巨星和电影角色才能达到的投篮境界。"

事实上，许多篮球运动员都曾经连续投中（或投丢），许多橄榄球四分卫都曾经连续成功（或不成功）传球，许多棒球运动员都曾经连续击中（或出局）。当看到这样的表现时，球迷和运动员们就会得出结论：这个球员手气好（或差）。普维斯·绍特在 12 年的 NBA 生涯中，平均每场得分 17 分，并曾在一场比赛中拿下 59 分，他表达了这样的传统观念："这种感觉很难描述，但是在你眼中，篮筐看起来是那么大，无论你做什么，你都知道球会投进的。"

我们看到了一种模式，并建立一个理论来解释这种模式：如果一个球员连续进球，那么一定是因为他手气好，他继续进球的可能性也会越来越大；如果一个球员连续投篮失误，那么一定是因为他手气不好，他进球的可能性也会越来越小。可是，大部分人都没有意识到，即便每一次投篮、传球或者挥棒都和前一次投篮、传球或者挥棒无关，巧合的手气也会偶然出现。

如果抛 10 次硬币，那么有 47% 的概率出现连续的结果，至少连续 4 次抛出正面，或者连续 4 次抛出背面。如果抛 20 次硬币，那么有 77% 的概率出现连续的结果。当然，抛硬币和投篮是两回事，但这正是重点。在抛硬币时，连续抛出正面或连续抛出背面都纯属巧合，完全随机。虽然这并不能证明体育比赛中的连胜和连败也只是巧合，但这警告我们，连续多次成功无法保证持续的成功，连续多次失败也无法保证持续的失败。连胜和连败也许只是运气。

雷·阿伦在他的NBA生涯中总共投了7000多次三分球，命中率为40%。你可以想象抛7000次硬币，有40%的概率抛出正面，在这7000次中，几乎一定会出现连续7次抛出正面的情况。雷·阿伦连续7次投中三分球，也许并不比连续7次抛出硬币正面来得更有意义。

赌徒的谬误

有些人相信相反的理论：连续的好运气会让坏运气更有可能出现。例如，一个赌徒这样写道：

"抛开数学或者概率论不谈，如果在掷骰子游戏中，对家连赢10把，我一定会在第11把的时候赌他输。如果他还是赢了，我会在第12把时继续赌他输。无论之前发生了什么，就算每次掷骰子的数学赔率真的保持不变，但你有多少次见过有人能连赢13把或者14把？"

13连胜的确罕见，但在连胜12把的情况下讨论13连胜的概率又是另一回事了。运气游戏的结果并不依赖于过去发生了什么。是的，好运气不会永远持续下去，否则也就不会被称为"运气"了。

相信每一点好运气都让坏运气更有可能出现，而每一点坏运气都让好运气更有可能出现，这被称为"赌徒谬误"，或者"错误的平均律"。事实上，在运气游戏中，好运气和坏运气出现的概率并不会因为最近出现的好运气或坏运气而有所改变。

以下是一个关于赌徒谬误的经典例子：

"这个人一直记录玩 21 点、掷骰子和轮盘赌的结果，这三种游戏的赔率都没有大的变动。他的记录显示，他有连胜，也有连败。但无论怎样研究记录的数字，他始终都无法解释它们为什么会出现，或者为什么会持续一段时间。'尽管如此'，他坚持说，'当我在轮盘赌中猜红色或黑色时，如果在前 900 转中出现了 500 次红色，那么下 100 转我会把钱都押在黑色上。更重要的是，我敢打赌，我会在游戏中赢钱。'"

对于这种盲目的乐观主义，我唯一可以指出的优点是：他花在研究这些数字上的时间越多，花在赌博上的时间就会越少。

在运气游戏中，基于平均法则的投注策略并不起作用。事实上，少数赌博系统的确有规律可循，例如一些数字出现的概率比其他数字高，但这种现象几乎都是由于设备上的物理缺陷导致的。19 世纪末，英国工程师威廉姆·贾格思雇了 6 个助手，花了一个月的时间研究蒙特卡洛轮盘的中奖号码记录，发现有些数字出现的频率很高。他并没有基于平均法则放弃这些数字，而是认为轮盘的缺陷会导致这些数字继续出现，因此还是在这些数字上投注。他赢得了差不多 12.5 万美元，相当于如今的 600 多万美元。直到后来赌场发现了这个漏洞，并开始每晚更换轮盘。

许多买彩票的人都相信赌徒谬误。研究发现，在乐透游戏中，人们选择数字时，总是倾向于避开最近中奖的数字。这显然是因为他们相信过去发生的次数越多，未来发生的可能性就越小。

许多体育迷非常迷信赌徒谬误。在一届超级碗上，华盛顿队对抗旧金山队，最终需要通过点球来决定胜负。CBS 电视台的评论员杰克·贝克指出，马克·莫斯利已经射失 4 个点球。另一位评论员汉克·斯塔姆回应道："这样的概率反而对他有利。"而我想说，如果这次点球他再射失，很有可能就要失业了。

有一次，我在赛季初的大学橄榄球赛上看到一名球员错失 3 个点球。

电视评论员说，教练应该对此感到高兴，因为接下来的几周会有几场艰难的比赛。他认为，每名球员在每个赛季都会错失一些点球，在赛季初错失掉反而是好事。但我要说，教练不如考虑换一名新的球员。

我曾经听说，一名小联盟球员的父亲让儿子把球棒借给一个糟糕的击球手，以便"用掉球棒的坏运气"。一位大联盟球队的经理曾经在名人堂投手泰德·里昂连续击中4次之后让他下场，因为他认为没有人会连续击中5次。好吧，如果他们在四连击之后再没有机会击球，自然就不会出现五连击。

科德角是美国著名的棒球明星摇篮，"科德角棒球联盟"是一个在美国享有很高声誉的体育组织。在一场科德角棒球联盟的比赛中，查塔姆队以18胜10负1平的成绩排名第一（平局往往是因为天黑或者大雾造成比赛终止）。14胜14负的布鲁斯特队教练说他的球队比查塔姆队的形势更好："如果你现在就赢了那么多，才是应该担心的。每支队伍都会经历连胜或者连败。我们先经历了困境，这是好事。"这种蹩脚的加油方式毫无意义。输掉比赛并不会让胜利变得更有可能，即使有，成绩也不会多理想。战绩更好的球队当然更有可能赢得冠军，而最后，查塔姆队确实夺冠了。

1989年，奥瑞尔·赫西斯在洛杉矶道奇队担任投球手时，曾经连续24局一分未得。他说："如果球队在第一天没有得分，那么我会选择在第二天投球，我认为这样的机会对我有利。"也许他是在开玩笑。那一年，赫西斯的平均自责分率是2.31，十分优秀，但他也曾经在道奇队9局总共得到9分的时候一分未得。

与抛硬币和轮盘赌不同，人类有记忆，会在乎输赢。尽管如此，射中点球的概率并不会因为连续射失就有所提高，棒球安打的概率也不会因为最近都没有安打而提高。

沃伦·巴菲特是有史以来最成功的股票投资者之一，在过去的50多年里，他每年盈利近25%，而整个股票市场平均每年只盈利10%左右。《彭博商业周刊》在 2013 年的文章中指出，2013 年 6 月至 9 月，沃伦·巴菲特旗下的伯克希尔·哈撒韦公司的股价连续 4 个月低于标准普尔 500 指数，并得出结论："伯克希尔股票一定会反弹。"这也是错误的平均律。低于市场平均值，并不意味着更有可能高于市场平均值，否则，就表明巴菲特点石成金的能力毫无用武之地了。

如果你生病了，医生对你说："得这种病的人，10 个里面有 5 个会死。你很幸运，因为我最近的 5 个病人都死了。"你会因此得到安慰吗？或者有人会这么想："离婚 5 次之后，再离婚的概率微乎其微，我已经离婚 5 次了，所以我的下一段婚姻一定会幸福。"

当连续遇到坏运气时，我们希望情况会发生变化。当然，坏运气不可能永远持续下去，但坏运气本身与好运气的出现并无关联。反之亦然。通常来讲，只有改变行为才能改变命运。如果病人不断死去，那么医生就需要重新考虑诊断方法；如果婚姻总是失败，那么就需要重新审视自身的问题和对配偶的选择。

那么，连胜现象和平均法则，哪个才是正确的？著名体育比赛解说员、拉斯维加斯庄家吉米这样说道："当连续 4 次出现正面的时候，聪明的职业赌徒会赌再次出现正面。而业余赌徒就会认为正面不会再出现了，应该出现背面了。"真相是，这两种观念都是错误的。根据均值回归现象，无论将来还是过去，成功的概率都是一致的，不会发生任何变化。

别回头看

我朋友内斯洛夫家的后院有一块空地，长 12 英尺，宽 16 英尺，作为天井太小，作为道路又太大，而且光照不足，不适合栽种植物，这让他们很是头疼。有一次，在逛家居用品店的时候，他们发现了一种 16 英寸长、

图 28

能摔断脚踝的地方

24 英寸宽的带菱形孔的煤渣砖，可以用于种植地被植物。最棒的是，它们很便宜。

所以，内斯洛夫一家在那块空地上铺了 72 块煤渣砖，在孔里种了地被植物。他们试图记着浇水，不幸的是，他们常常忘记，因此最后植物全都死了。现在，他们只剩下一块 12 英尺长、16 英尺宽的带菱形孔的煤渣砖地，他们自嘲地称其为"能摔断脚踝的地方"。

显然，铺煤渣砖是个坏主意，但内斯洛夫一家已经买了这些煤渣砖，还能用它们来干什么呢？他们认为，至少用上 10 年，才能"抵消花掉的钱"，而且他们也确实这么做了。

这些能摔断脚踝的东西是沉没成本，因为钱一旦花了就无法收回。无论这些钱花得明智还是愚蠢都不重要，问题不在于他们是否应该买煤渣砖（当然不应该），而在于他们是否应该用更好看、更安全的东西取代它们。他们需要计算的成本，不是为了这 72 块煤渣砖花了多少钱，而是要为更好的东西投入多少钱。

掩盖错误是人类的天性。你买了一只巨大的特价冰激凌，但吃到一半就吃不下去了，你会因为花了钱就强迫自己吃完吗？你买了中西部大学橄榄球比赛的季票，到了 11 月，球队成绩糟糕，天气恶劣，你会因为花了钱就强迫自己去看比赛吗？你买了某家公司的股票，此后一些意想不到的坏消息导致该公司股价下跌，此时卖出股票能够避免损失，但同时也等于承认自己买错了股票，那么你会选择卖出还是继续持有呢？

坚守无法改变的事物，并不能让你获得什么，也不会失去多少。这些事物叫做沉没成本。内斯洛夫一家的煤渣砖是沉没成本，吃不完的冰激凌是沉没成本，糟糕的橄榄球比赛的门票是沉没成本，同样，你不幸买错的股票也是沉没成本。

在运气游戏中，损失就是损失，无法挽回，但许多人都不甘心。卡尼曼和特沃斯基观察到，在一个比赛日即将结束时，赛马场的赌注会增加，因为人们想用一种便宜的方式来赢回当天输掉的钱。他们的结论是："不能接受损失的人，同样不能接受赌博的失败。"

我和两个学生在研究这个问题时，分析了一个在线扑克网站中上千名德州扑克玩家的行为。他们的盲注（初始下注）都是 25 ~ 50 美元。这是公认的高风险赌局，吸引着有经验的扑克玩家。我们将赢或输 1000 美元视为重大的胜利或失败，然后观察玩家在重大输赢之后，接下来 12 手的行为，也就是一张六人牌桌上的两轮。之所以要观察两轮，是因为有经验的玩家往往不会自愿下注，12 手与重大输赢出现的时间尚未间隔太久。我们的分析对象仅限于在重大输赢后至少再玩 50 手的玩家。

我们的最终数据包括了符合各种条件的 346 名玩家。平均每名玩家玩了 1738 手，有一半的玩家玩了 717 ~ 4549 手，半数玩家的输赢都超过 20 万美元，10% 的玩家的输赢超过 100 万美元。

在每一手开始时，坐在庄家左边的第一名玩家下 25 美元的盲注，下一名玩家下50美元的大盲注。然后，每名玩家拿到两张只有自己才能看到的底牌。还没下注的玩家决定继续玩还是退出。如果继续玩，要么跟50美元的大盲注，要么把赌注提高到50美元以上，迫使其他玩家跟随台面上最大的赌注下注。下注顺序沿着赌桌顺时针方向旋转，直到所有想留下的玩家都跟上最大赌注，或者有人退出。

如果有超过一名玩家在玩，就会翻出3张公用牌，每个人都可以看到这些公用牌，并能用它们来组成最好的一手牌。下一轮下注从庄家左手边的玩家开始。本轮下注后，第4张公用牌翻出，再来一轮下注。最后，第5张公用牌翻出，并开始最后一轮下注。用两张底牌和5张公用牌组成最好牌面的玩家赢得所有下注。

我们观察了六人牌桌和两人牌桌。有时候，六人牌桌会有空位。扑克策略取决于牌桌上玩家的数量，比如，当你手上有一对8时，牌桌上的玩家越多，你能够组成最好牌组的概率也就越小。因此，我们把六人牌桌的数据根据牌桌上玩家的数量进行分组，并且区分了两人牌桌和六人牌桌上只有两名玩家的情况，因为选择两人对决的玩家也许和选择六人牌桌但偶尔遇到4张空位的玩家风格不同。

我们用松弛性来判断玩家的风格，看一个玩家有多少手自愿下注，其中包括跟注和加注，但并不包括强制性的盲注。在发完一轮牌之后，除了下大盲注的玩家，每个人都要下注或者出局，才能看到下一张公用牌。我们以玩家下注看牌的频繁度来衡量他们的松弛性。

当底牌不强时，谨慎的玩家会退出，而松弛的玩家会留下来，希望下一张牌会变强。在六人牌桌上，松弛性低于20%的是谨慎的玩家，松弛性超过50%的是松弛的玩家。在我们收集的数据中，两人牌桌的平均松弛性为51%，满桌的六人牌桌的平均松弛性为26%。

从理论上讲，有经验的扑克玩家都有自己的风格，这是他们多年甚至数十年总结出的经验。一旦他们确定了自己的最佳策略，就应该坚持下去，不管最近几手的结果如何。如果他们遭受了巨大损失，就应该认识到这只是因为运气不好，并且坚持自己的策略，相信以自己的能力会赢回失去的钱。他们的成功将回归平均值，巨大的损失只是一时偏差，未来的利润会符合他们的能力。

然而，事实上，玩家通常会在重大胜利或者失败后改变风格，尤其会在重大失败后变得不再谨慎，试图弥补损失。

图 29 显示，在重大失败后，大多数玩家往往会变得比重大胜利后更松弛。比如，在六人牌桌上，有 135 名玩家会出现这种情况，而只有 68 名玩家情况相反。为了检验这一结论，我们还观察了把 250 美元和 500 美元定为重大输赢的情况，发现大部分玩家依然会在重大失败后变得更松弛。我们还发现，重大失败对人的影响更大，变得松弛的玩家数量比损失增长的幅度要大。

图 29
玩家松弛性

牌桌玩家	玩家数量	平均松弛性	变得松弛的玩家	
			重大胜利后	重大失败后
两人对决	228	51	74	154
2	40	46	17	23
3	33	35	11	22
4	75	29	21	54
5	150	26	53	97
6	203	26	68	135

这一战略变化有利可图吗？如果有经验的玩家一开始就使用有利可图的策略，那么改变策略就是错误的。事实证明，那些在重大失败后变得更为松弛的玩家，比他们平时表现得更差。

这些玩家虽然经验丰富，但并没有认识到他们的表现会在重大失败后回归均值。相反，他们变得更喜欢投机，希望能够尽快弥补损失。

这一理论或许也适用于其他决策。扑克作家肯·沃伦曾经这样描述德州扑克游戏："有些玩家明明知道正确的做法，却不这样做，这让他们遭受了更大的损失。对于玩家来说，要想获胜，必须具备四个条件：拥有良好的策略、拥有完善的计划、坚持它们和足够的资金。"

美盛基金高级副总裁大卫·尼尔森补充道："投资也是同样的道理：计划、策略、坚持，以及资金。"

不同的研究都发现，投资者的行为同样会受到重大损失的影响，例如：

1. 如果国债交易员在上午有损失的话，那么在下午更容易冒大风险。

2. 芝加哥商业交易所的场内交易商在受到损失后增加了风险敞口。

3. 专业的股票日交易者在上午受到损失后，会在下午进行更激进的交易。

4. 未达目标的共同基金和投资组合经理会为了达到目标而承担更大的风险。

5. 受到重创的交易员会投入巨额赌注，试图弥补先前的损失。

《华尔街日报》2009 年的一篇报道称，许多投资者都通过增加更高风险的投资以应对股市的损失：

"这是金融版本的'万福玛丽球'（美式橄榄球术语，指成功率很低的长距离直传，一般用在比赛快结束的时候，孤注一掷，以求在最后时刻得分），是在即将输掉球赛时的绝望行为——远离球门线，把球踢得更用力、更高，希望能够以某种方式来得分，并追平差距。"

对于拥有良好策略的扑克玩家和投资者，均值回归建议：耐心比"万福玛丽球"更可靠。

V 体育

冠军诅咒

2003 年，马来西亚羽毛球选手穆罕默德·哈菲兹·哈希姆赢得了全英羽毛球锦标赛冠军，马来西亚总理马哈蒂尔说："太棒了，恭喜。但我希望大家不要宠坏他，国家也不要给他颁发太多奖金，因为被宠坏的冠军日后成绩似乎都会变差。"

当然，哈希姆再也没能夺得全英羽毛球锦标赛的冠军。他是被宠坏了吗？有可能，但更合理的解释是：除了能力，赢得冠军通常也有运气的帮助。如果只考虑能力因素，那么最强的选手应该每场比赛都赢，但事实上，这是不可能的。运气确实会产生影响，在顶级赛事中，一切皆有可能。2003 年，哈希姆在半决赛中的得分是 15 比 12 和 15 比 12，在决赛中却以 17 比 14 和 15 比 10 的分数胜出。

此后，哈希姆再未如此成功过。当然，此前他也从未达到过这样的事业高度。他最高的世界排名是第六。在 2003 年全英羽毛球锦标赛中，他击败了数名强手，并且在决赛中战胜了当时世界排名第一的选手。也许，对于哈希姆的这次胜利，正确的诠释应该是：他是一名优秀的球员，在神奇的一星期中极其幸运，而在这之前和之后，他都回归到了平均值。

体育比赛看起来并不是运气游戏，但某种意义上同样无法事先确定结果。即便是世界上跑得最快的运动员参加百米赛跑，也有可能起跑较晚或者打滑。无论出于什么原因，我们都无法百分百准确地预测结果，其中必然有不确定性，即运气因素。

可是，即便事实就在眼前，我们也很难承认运气对胜利的影响。我的大学校友在杂志上刊登过一篇关于穆雷·汤姆逊的文章。汤姆逊在航空业工作了 39 年，此后，他决定从事一项名为"骑马勒牛"的运动。在这项运动中，骑手要骑着马控制一头牛，就像牛仔把牛赶出牛群或赶回牛群一样。汤姆逊在 62 岁时获得了世界冠军。文章引用了另一位骑手的话："穆雷有着惊人的专注力，并且将之在正确的时间发挥到极致。"他认为，汤姆逊的胜利不是因为运气，而是因为善于掌控自己的注意力。

然而，汤姆逊却这样说道："如果赢了，基本上是个奇迹。最近一次在雷诺的比赛中，我看到一名职业骑手和一匹最棒的马的精彩表现，但在最后一秒，他们控制的母牛撞倒了他们。两年的训练就这样土崩瓦解了。这是马和骑手所无法决定的。按照骑手的说法，他们只是遇到了一头不太好的母牛，有太多的可能会出错，但是要赢的话，一切都要做对。"

是的，汤姆逊试图谦虚，但他说得很对。运气的重要性就在眼前，但我们很少看到它。

如果有人赢得了总冠军，我们会认为这是因为他们训练刻苦、专注，并在正确的时间发挥到了极致。我们不想承认，获胜的一部分原因是他们很幸运。

不仅是羽毛球运动员和骑手，奥运会金牌得主在奥运会之后往往也表现不佳。人们试图为此找到理由，评论家认为，金牌选手为了赢得金牌而主动提高能力，然而得到了金牌之后就会放松，导致竞技水平下降。也许如此吧。但也有可能是他们获得金牌的原因是运气在适当的时候达到了顶峰，而运气是他们无法控制的。

不仅是运动员个人，团队也是如此。2014 年，西雅图海鹰队赢得了超级碗，此后，《纽约时报》刊登了一篇文章，名为"海鹰队与超级碗冠军的诅咒搏斗"。作者指出，上一支连续两年夺冠的队伍是新英格兰爱国者队，他们在2004年和2005年赢得了超级碗。一名球员解释很难卫冕的原因："当你穿过欢呼的人群，在颁奖典礼上得到冠军戒指，你会忘记到达山顶有多难。"对此，西雅图队主教练表示赞同："历史证明，要想重新回到那种境地是很难的。"连续两年带队获得超级碗的教练仅有6名，其中之一的吉米·约翰逊说，大多数队伍无法再次夺冠的原因是："很多情况下，伤害一支橄榄球队的是自满。"

我们更愿意相信成功是赢来的，夺得超级碗冠军的球队真的是最好的球队。如果他们无法再次夺冠，一定是因为没有像上一年那样努力，被成功宠坏了，因而不再是最好的球队。

但事实上，运气总会发挥作用。2014年，西雅图队在常规赛中的战绩是13胜3负，和丹佛野马队一样。当时，有3支球队的战绩是12胜4负，4支球队是11胜5负。只要有足够的运气，这9支球队中的任何一支都能成为冠军。

甚至可以说，西雅图队能够进入超级碗比赛，也是因为幸运。在争夺超级碗比赛资格的NFL冠军赛中，西雅图队以23比17的微弱优势战胜了旧金山49人队。旧金山队在第4节中3次丢球（一次接球失误和两次被拦截）。如果两队交手10次，西雅图队不会每场比赛都赢，但他们幸运地赢得了那场比赛的胜利。

2015年，西雅图队又回到了超级碗，拥有了一次卫冕的机会，并以戏剧性的反转战胜了绿湾包装工队。这场疯狂的比赛充满了转折和失误，甚至还有假任意球、弃踢。距离比赛结束不到4分钟时，西雅图队还落后12分，然后又扳平比分，并在加时赛中获胜。

超级碗本身就是经典的赛事，一切结果都有可能。西雅图队的一名外接手在赛季开始时还在鞋店工作，在NFL比赛中从没接住一次传球，但最后却 4 次接中了共计 109 码的传球，成为队中第一外接手。

超级碗就是这样的比赛。

在比赛后期，由汤姆·布雷迪率领的新英格兰爱国者队取得了一次触地得分，这让他们有望获胜。然后，在比赛还剩 48 秒和 38 码去得分时，西雅图队的四分卫拉塞尔·威尔逊向一名被严防的外接手掷去一记长传。防守球员把球击飞，但西雅图队外接手倒地，橄榄球神奇地落在他的腿上，又弹到他的手臂上。他颠了颠球，然后抓住了它，这让西雅图队在 5 码线得到第一次进攻还剩 10 码。

如果外接手没有倒地会怎样？如果被击飞的球没有落在他腿上会怎样？如果球没有从他的腿上弹到手臂上会怎样？如果他当时的姿势接不到球会怎样？如果防守球员的站位刚好可以把球再次打飞会怎样？这些假设和可能都证明了运气的作用，这场比赛真是太神奇了。

在这奇迹般的一幕之后，西雅图队把球交给马肖恩·林奇（因为狂野的冲球风格和强悍的突破擒抱能力，外号"野兽模式"），他在这场比赛中 24 次带球，平均每次都超过 4 码。林奇拿到 4 码，把球带到半码线。此时，他原本可以把球打进球门区，以触地得分获得胜利。可令人费解的是，他居然决定传球。然而，传球被拦截，爱国者队最终获胜。

这并不是比赛中唯一的"原本可以"时刻。如果这些球队比赛 10 次，没人能够预测哪支球队获胜次数更多。但可以肯定的是，没有哪支球队能够保证赢得全部 10 场比赛。因此，我们必须承认运气的作用。这并不意味着可以抛硬币来决定赢家，只是提醒我们：橄榄球比赛像大多数体育赛事一样，也像生活中的很多事情一样，是不确定的。

美国职业棒球大联盟和美国职业篮球联赛的冠军都由 7 局比赛的胜负决定，但美国职业橄榄球大联盟并不这么做，因为橄榄球是一项极其激烈的运动，球员需要休息好几天才能继续比赛。一名职业橄榄球运动员说，当一场周日比赛之后，到了下一个周日，如果还没有恢复到足以上场的程度，他就知道自己该退役了。有时候，为了刺激收视率，一些球队会被要求在周一晚上进行比赛，到了周日，伤痛往往依旧在折磨着他们。如果NFL需要打 7 场比赛才能决定冠军归属，那么可能需要 7 个星期才能完成这 7 场比赛。所以，他们只比一场（超级碗），假装一场比赛就足以决定哪支球队更好。

即使较强的球队有80%的机会获胜,较弱的球队仍有20%的机会获胜。只要有运气来搅局，每支球队就都有可能会赢。

NFL 以"对等"为傲，他们的收入分享系统以及其他规则使球队之间更加势均力敌。甚至有粉丝每年会制作一个"对等圈"，显示 32 支球队之间的胜负关系。2014 年，对等圈显示，海鹰队击败了野马队，野马队击败了红雀队，红雀队击败了突袭者队，突袭者队击败了酋长队，酋长队击败了爱国者队，爱国者队击败了闪电队，闪电队又击败了海鹰队。

NFL 中的很多球队只要运气足够好，就都有机会赢得超级碗。每年都有一支优秀球队幸运地获得冠军，到了下一年，运气可能会青睐另一支球队。这不是完全随机的。2004 年和 2005 年，爱国者队连续两年夺冠，之后的 11 年间，有数支球队都不止一次参加超级碗：新英格兰队 3 次，西雅图队 3 次，匹兹堡队 3 次，印第安纳波利斯队 2 次，纽约队 2 次，丹佛队 2 次，但再没有球队蝉联冠军。这说明能力确实很重要，但运气同样重要。

这里有一个简单的例子。在每一场比赛中，进攻方的表现部分取决于其如何预测防守方的动作，而防守方的表现也部分取决于其如何预测进攻方的动作。这些预测有时候是正确的，有时候是错误的，就像学生猜测考题的答案一样。我们可以把那些正确的猜测称为好运气，把那些错误的猜测称为坏运气。

关于运气的另一个例子是"拾得掉球"，没人能够事先知道哪支球队会抢到掉失的球。一支球队可能因为一次拾得掉球而获胜，但这场比赛的拾得掉球与下场比赛的获胜机会没有任何关系。

包装工队的运气

如果你还不相信，那么我来举一个更为复杂的例子。2015年1月11日，绿湾包装工队和达拉斯牛仔队之间进行了一场季后赛。胜者将进入 NFL 冠军赛，从而获得进入超级碗的机会；败者只能打道回府，懊悔地回顾自己的失误。在这场比赛中，发生了很多改变命运的事情。

一个发生在比赛进行到 4 分 44 秒的时候，当时包装工队以 26 比 21 领先，牛仔队在包装工队 32 码处掌握球权，正处于第四次进攻，只要再往前推进 2 码，就能获得重新进攻的机会。原本一记短传就能让牛仔队获得第一次进攻的机会，但四分卫托尼·罗莫扔出一记长传给接球手戴兹·布莱恩特。布莱恩特跳起来，越过包装工队的防守队员，抓住球，落地的同时冲向球门线，希望触地得分让牛仔队领先。他在球门线附近落地，但很显然，牛仔队的第一次进攻需要再前进 6 英寸才能触地得分。最近的裁判说这是接球，而牛仔队获得了球，准备射门。牛仔队的球员们来到争球线，准备实现这近在咫尺的触地得分。

此时，包装工队教练举起了挑战旗，要求裁判通过各个摄像机的角度审查这次裁定结果。绝大部分人都认为包装工队教练莫名其妙地浪费了一次挑战机会（一场比赛中，每支球队只有两次挑战机会，如果这两次挑战都成功了，还能获得第三次挑战机会）。场上裁判已经裁定这是一次接球，除非慢镜头回放证明这项判决是错误的，裁定才会被推翻。赛场上的每个人都清楚地看到了布莱恩特惊人的接球，包装工队教练在想什么呢？

审查录像后，裁判们宣布推翻裁定，改判为不成功传球，因为牛仔队的第一次进攻没有得分。现在，绿湾队握有球权，在32码线发起第一次进攻。按照规则，一次完整的传球必须是接球手"在整个触地过程中保持对球的控制"，布莱恩特很明显在触地后短暂掉球了。这是橄榄球运动中最令人困惑和有争议的规则之一，有经验的评论员常常质疑裁判们是否裁定正确。

布莱恩特的接球动作有如杂技一般，这显示了他的能力，但在短暂的掉球、包装工队教练要求挑战以及裁判决定改判中，都包含了运气因素。

几分钟后，又出现了能力和运气交战的难忘时刻。包装工队获得第一次进攻，试图再下一城以确保胜利。在距离比赛结束不到 2 分钟时，包装工队第三次进攻，距离新的第一次进攻还有 11 码。如果包装工队重新获得第一次进攻的机会，比赛就会结束；如果没有，他们就不得不踢球解围，这样牛仔队就又有一次机会获得胜利。

包装工队的四分卫阿隆·罗杰斯试图传球给正被严防的队友兰代尔·科布。牛仔队的一名防守队员在球离开罗杰斯的手之后碰到了球，然后球飞向了科布。科布刚好看到球的运行轨迹，而牛仔队的防守队员没有看到。科布向球扑去，并在球落地前精彩地接住了球。就这样，11 码的传球完成了，包装工队实现了第一次进攻，结束了比赛。在科布伟大的一接中，确实有能力的因素，但也有很大的运气因素——球是如何被碰到的，并且转向一个可以被接到的地方，而这个地方又刚好是包装工队能够完成关键一攻的位置，这些都是由运气决定的。

一支球队要想获得冠军，就需要兼备实力和运气。实力能够让一支球队进入季后赛，冲刺好的名次；但要进入超级碗，和其他强队竞争冠军，依然需要运气。

《体育画报》的诅咒

许多体育迷相信"冠军诅咒"——运动员在非凡的表现之后，通常会出现令人失望的退步。很显然，运动员们为了取得优异的成绩，付出了很多努力，可一旦他们到达顶端，便开始对失败产生恐惧，这会使他们走向失败。

最著名的例子就是《体育画报》的诅咒。在奥克拉荷马队连续赢得 47 场大学橄榄球比赛后，《体育画报》的封面故事是："为什么奥克拉荷马是不可战胜的？"然而，在下一场比赛中，奥克拉荷马队就以 0 比 7 输给了圣母院队。此后，人们开始注意到，那些出现在《体育画报》封面上的运动员显然都受到了诅咒，之后都发挥不佳。2002 年，《体育画报》就以此为主题，刊登了一期封面故事，封面照片是一只黑猫，标题非常精彩——"没人愿意登上的封面"。后来，又出现了一种"疯狂"诅咒——照片出现在橄榄球游戏《疯狂 NFL》封面上的橄榄球运动员，之后都会表现不佳。

《体育画报》的诅咒和"疯狂"诅咒，是均值回归的极端例子。当一名运动员或者一支球队表现突出到能够在《体育画报》或者《疯狂 NFL》的封面上拥有一席之地时，他们基本已经无处可去，只能下滑。在体育竞技中，成功必定有运气的因素：身体状态绝佳、幸运的反弹以及有失公正的裁决。好运不可能一直持续下去，非凡的成功同样如此。

橄榄球比赛中的均值回归

在第一章中，我们谈到了佩顿·曼宁在 2013 年获得了最高的四分卫评分，又在 2014 年回归均值。其实，并不只有佩顿如此。均值回归是大势所趋，不会只发生在某一个人身上。

图 30 显示了 2013 年和 2014 年 NFL 中所有试图传球至少 100 次的四分卫评分。45 度线以上的四分卫 2014 年的表现比 2013 年好，45 度线以下的四分卫则相反。2013 年表现最好的四分卫，大多数在 2014 年退步了；而在 2013 年表现最差的四分卫，大多数在 2014 年进步了。2013 年距离平均值最远的那些四分卫，在 2014 年都距离平均值更近了，这就是均值回归现象。

这里所说的进步和退步，指的是表现，而不是能力。在 2013 年表现最好的四分卫运气好，而表现最差的四分卫运气不好。2013 年的前 5 名四分卫平均评分是 111 分，在 2014 年降到了 92 分；2013 年的后 5 名四分卫的平均评分是 69 分，在 2014 年上升到了 85 分。

图 30
2013 年和 2014 年所有 NFL 中试图传球至少 100 次的四分卫评分

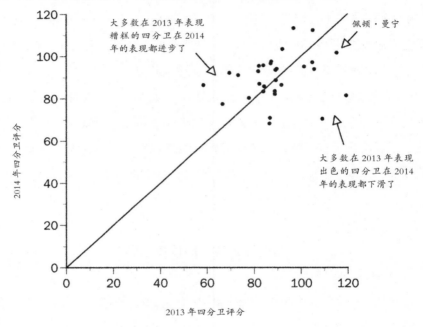

　　现在，假设我们正处于 2013 赛季末，需要预测这 30 名四分卫在 2014 年的表现。

　　一个天真的预测是，他们在 2014 年的表现会和 2013 年相同。但是，考虑到预期的回归，我们可以使用凯利公式预估球员的能力，从而预测他们在 2014 年的表现。不同赛季四分卫评分之间的相关性等于可靠性。为了预测 2014 年的表现，我们使用 2012 年和 2013 年四分卫评分之间的相关性，即 0.43。

相比天真的预测，凯利公式将表现向平均值拉近。事实证明，后者更为准确。

棒球比赛中的均值回归

每到春天，棒球迷们会预测哪个球队将赢得世界系列赛。一般来说，球迷会高估上个赛季表现突出的球员和球队，低估上个赛季表现不佳的球员和球队。

如果一名击球手 4 次击球中有一记安打，平均击球率是 0.250，那么他已经可以进入大联盟了；如果击球率提高到 3 次击球中有一记安打，平均击球率为 0.333，那么他已经可以进入名人堂了。棒球被认为是处理失败的运动，即便是最优秀的球员，出局的次数也是击中的 2 倍。

棒球运动中有技巧因素，也有运气因素。击球手要预测投手会投出什么样的球，在不到半秒钟的时间内决定是否击球，用细长的圆棒击中时速超过 90 英里并朝各个方向旋转的小圆球，还要祈祷击出的球不会直接被外野手接到。

优秀的球员可以在一场比赛中四击不中，在下一场比赛中四击全中；在一个赛季中击球率是 0.320，在下一个赛季中击球率是 0.280。一场比赛、一个月或者一个赛季中的突出表现通常意味着好运，也意味着非凡的成功夸大了球员的能力。好运气不可能永远持续下去，所以伟大的成功之后往往跟随着表现下滑。

图 31 显示了 2014 年平均击球率最高的 10 名大联盟棒球运动员。被称为"太空人"的棒球运动员艾图维拥有最高的平均击球率 0.341。对此，你是会认为他的击球率本应是 0.400 但实际表现较差，还是会认为他的击球率本应是 0.300 但实际发挥出色呢？前 10 名中的 9 名击球手在 2014 年

图 31

2014 年击球率最高的 10 名球员

	2013	2014	2015	职业生涯
"太空人"艾图维	0.283	0.341	0.313	0.305
维克多·马丁尼兹	0.301	0.335	0.245	0.302
迈克尔·布兰德利	0.284	0.327	0.310	0.292
艾德里安·贝尔崔	0.315	0.324	0.287	0.285
贾斯汀·莫诺	0.259	0.319	0.310	0.282
何赛·阿布列尤		0.317	0.290	0.303
乔什·哈里森	0.250	0.315	0.287	0.284
罗宾逊·卡诺	0.314	0.314	0.287	0.307
安德鲁·麦可卡森	0.317	0.314	0.292	0.298
米格尔·卡布雷拉	0.348	0.313	0.338	0.321
平均	0.297	0.322	0.296	0.298

的表现比职业平均成绩要好（除了米格尔·卡布雷拉）。总的来说，他们的职业平均击球率是 0.298，但 2014 年他们的平均值是 0.322。

"太空人"艾图维没有 2013 年的平均击球率数据，因为 2014 年是他在大联盟的第一个赛季。他被选为 2014 年度联盟最佳新秀，然后在 2015 年受到所谓的"年度新秀诅咒"，表现大不如前。但这显然是均值回归造成的。

在 19 个例子中，只有 4 名球员 2013 年或 2015 年的表现比 2014 年的表现更好，另外 15 名球员都出现了均值回归现象（均值回归是趋势，而不是必然的结果），2014 年前 10 名击球手的平均击球率在 2013 年和 2015 年都回归到均值。

无论我们回顾 2013 年，还是展望 2015 年，均值回归现象都发生了，因为这是一种统计现象。"太空人"艾图维的能力在 2014 年没有提升，在 2015 年也没有下降。均值回归不是由能力波动引起的，而是由表现波动引起的。艾图维是优秀的球员，职业击球率略高于 0.300，但他并没有在每场比赛、每个星期、每个月或者每个赛季都达到 0.300。有时候他运气好，击球率就高于 0.300；另外一些时候，他运气不好，击球率就低于 0.300。就像在 2014 年，他击出了 0.341，在大联盟中平均击球率排名最高，这是他幸运的一年，他的表现在实际能力之上。

棒球投手也会出现均值回归现象。衡量投手是否成功的一个标准就是他的平均自责分，即每 9 局的平均失分（不包括因为防守失误而丢掉的分数）。平均自责分越低越好。

图 32 显示了 2014 年平均自责分最低的 10 名大联盟投手。在 20 个案例中，只有一名投手在 2013 年或 2015 年的表现比 2014 年好。例外的是亚当·韦恩莱特，他在 2015 年因为击球时扭伤了左跟腱，只担任了 28 局的投手。总的来说，前 10 名投手的职业生涯平均自责分是 3.21，但 2014 年他们的平均自责分是 2.31。

图 32
2014 年平均自责分最低的十大投手

	2013	2014	2015	职业生涯
克莱顿·科萧	1.83	1.77	2.13	2.42
菲利克斯·赫南德兹	3.04	2.14	3.53	3.11
克里斯·赛尔	3.07	2.17	3.41	2.92
约翰尼·库托	2.82	2.25	3.44	3.29
亚当·韦恩莱特	2.94	2.38	1.61	2.99
道格·菲斯特	3.67	2.41	4.19	3.42
科里·克莱布	3.85	2.44	3.49	3.41
乔恩·莱斯特	3.75	2.46	3.34	3.55
科尔·哈莫尔斯	3.60	2.46	3.65	3.31
杰拉特·理查德斯	4.16	2.61	3.65	3.67
平均	3.27	2.31	3.26	3.21

和前 10 名击球手一样，这些投手的能力在 2014 年并没有大幅上升，在 2015 年也没有大幅回落。我们可以倾向于认为，平均来看，他们在 2014 年比 2013 年或 2015 年更幸运。

2014 年并没有什么特别之处。这种回归真的是年复一年在发生。纵观职业棒球大联盟的所有赛季，在任何赛季平均击球率高于 0.300 的球员中，有 80% 在上一个赛季和下一个赛季的表现都更差。

团队也会回归到均值。在任何赛季的 162 场比赛中，取得超过 100 场胜利的球队中，有 90% 在上一个赛季和下一个赛季的表现都没有这么出色。

2014 年，洛杉矶天使队有最好的常规赛季纪录，胜率达到 60.5%。上一个赛季他们的胜率是 48.1%，下一个赛季的胜率是 52.5%。还需要我说明，这是因为运气吗？天使队也没有赢得 2014 年世界系列赛，但常规赛冠军通常也很少会赢得世界系列赛。还需要我说，这也是因为运气吗？图 33 显示，整体而言，2014 年的前 5 名球队胜率为 58.5%，但这些球队 2013 年的平均胜率只有 54.1%，2015 年的平均胜率只有 54.4%。

在积分榜的另一端，亚利桑那响尾蛇队 2014 年的胜率只有 39.5%，但他们 2013 年的胜率为 50%，2015 年的胜率为 48.8%。图 34 显示，垫

图 33
2014 年大联盟前 5 名球队

	2013	2014	2015
洛杉矶天使队	0.481	0.605	0.525
巴尔的摩金莺队	0.525	0.593	0.500
华盛顿国民队	0.531	0.593	0.512
洛杉矶道奇队	0.568	0.580	0.568
圣路易斯红雀队	0.599	0.556	0.617
平均	0.541	0.585	0.544

图 34
2014 年大联盟后 5 名球队

	2013	2014	2015
休士顿太空人队	0.315	0.432	0.531
明尼苏达双城队	0.407	0.432	0.512
得克萨斯游骑兵队	0.558	0.414	0.543
科罗拉多落矶队	0.457	0.407	0.420
亚利桑那响尾蛇队	0.500	0.395	0.488
平均	0.450	0.419	0.496

底的 5 支球队 2014 年的胜率为 41.9%，而 2013 年为 45%，2015 年为 49.6%。这正是平庸磁铁发挥的作用！

再来看看图 35，如果我们观察前 5 名球队的平均胜率和后 5 名球队的平均败率，会发现数字非常相似。

图 35
最好和最差的球队

	2013	2014	2015
前 5 名球队平均胜率（%）	54.1	58.5	54.4
后 5 名球队平均败率（%）	55.0	58.1	50.4

棒球统计之父比尔·詹姆斯发现了年复一年的均值回归现象，并将其命名为"竞争平衡法"——创下胜利纪录的球队下一年的表现往往没有那么好，而创下失败纪录的球队往往会进步。这一原理又被演变为另一个规律，称为"有机玻璃原则"——这一年进步了的球队下一年会退步，反之亦然。

如果得出结论：在不同赛季，球员和球队的能力不可能剧烈波动。那么根据这一结论，对于表现的波动，更合理的解释是：在任一赛季，最成功的球员和球队通常并不具备与成绩相符的能力，他们大多是因为运气好，所以在该赛季的表现比前后赛季更好。

运气与技巧的悖论

竞技运动的一个矛盾之处在于，高水平的竞争者水平都很高超，实力相差不大，胜者很可能是靠运气决定的；低水平的竞争者实力参差不齐，胜负则更有可能由能力决定。例如，在高尔夫的四大锦标赛（大师赛、美国公开赛、英国公开赛和 PGA 锦标赛）中，12 名甚至更多球手中的任意一名都有可能会赢，谁能成为最终的赢家，很大程度上取决于运气，因此很少有人能连续获得冠军。

　　当然也有例外,比如,鲍比·琼斯在一年内赢得了全部4个锦标赛,本·哈根和泰格·伍兹在一年内赢得了3个锦标赛,史上最成功的高尔夫球手杰克·尼古拉斯在24年内赢得了18个专业比赛冠军。但这和只有4个人打高尔夫,其中一人每次都赢是不同的。

诅咒、衰退和迷信

如果一个球员在某个赛季中表现出色，那么其他球员和教练往往一厢情愿地认为，他在以后的赛季中都会表现出色。1990 年是德利诺·德尔雪兹进入美国职业棒球大联盟（MLB）的第一年，作为蒙特利尔博览会队的二垒手，他的击球率为 0.289，在年度新秀投票中位居第二。然而，到了下一个赛季，他的击球率仅为 0.238。人们认为，这种退步是大多数卓越新秀都会经历的"第二年衰退"。在接下来的两年中，德尔雪兹的击球率为 0.292 和 0.295。虽然他在前 4 年的平均击球率是 0.277，但洛杉矶道奇队认为他是能够达到 0.300 击球率的击球手，只不过在 1991 年遇到了普遍的"第二年衰退"。道奇队用一名有前途的年轻投手交换了德尔雪兹，希望能够得到一名保持 0.300 击球率的球员。

在被道奇队裁掉之前的 3 个赛季中，德尔雪兹的平均击球率只有 0.241。在接下来的 6 个赛季中，他曾效力于 3 支球队，截止到退役，他的平均击球率为 0.275。在 13 年的职业生涯中，他的平均击球率为 0.268，和最初 4 个赛季的水平差不多。道奇队对他 0.292 和 0.295 的击球率投入了太多关注，而忽略了 0.238 这个数据的重要性。他们低估了运气发挥的作用。

被道奇队换掉的年轻投手佩德罗·马丁内兹在 18 年的职业生涯中，

赢得了两次赛扬奖（最佳投手），最终在名人堂获得了一席之地。可以说，这是道奇队史上最糟糕的一次交易。

那么，又该如何解释"第二年衰退"现象呢？也许这是均值回归？其实，它只是一种变异的新秀年诅咒。在新秀赛季中表现最突出的球员，最有可能是因为好运气多于坏运气。毕竟表现低于能力的球员几乎不可能在整个赛季中获得成功。

大多数奖项——包括导致"赛扬诅咒"的赛扬奖——都会出现这种情况。一项针对70名赛扬奖获奖者的研究发现，只有3名获奖者第二年的表现更好，30名获奖者的表现持平，而37名获奖者的表现退步了。进行这项调查的体育记者推测，这些投手在获得赛扬奖的赛季累坏了，尽管棒球运动员在赛季中有6个月的休息时间，但仍不足以让他们恢复水准。

同样，一篇关于名人堂的体育报道指出，在前半个赛季中击出超过20个本垒打的棒球运动员，在剩下的半个赛季中，90%击出的本垒打都少于20个。作者总结说，这是因为"下半场断电"——也许他们累坏了，或者过高的期望值让他们感到紧张。对此，均值回归的解释是：他们在上半赛季的突出表现受到了运气的影响，从而使他们的能力被夸大了。

迷信

许多专业人士和业余爱好者被均值回归误导，错误地相信各种愚蠢的迷信。例如，无论是职业高尔夫球手还是业余高尔夫球手，一旦发挥失常，接下来只要更换球杆、鞋子或衣服，就能表现得更好；棒球手也是如此，发挥失常时，在更换了球棒、帽子或袜子之后，就会表现得更好；甚至还有一种说法，发挥失常的运动员在不洗袜子时表现得更好。不幸的是，这些都是愚蠢的迷信。根据均值回归原理，发挥低于个人平均水平的运动员通常都会进步，在后面的比赛中发挥正常水准。

在所有体育运动中，用木棍击打棒球也许是最难的挑战，因为球的时速高达 90 英里，而且移动方向不定。如果球被击中，可能直飞向外野手，导致击球手出局，也可能安全地落在地上得到安打。平均来说，职业棒球选手在 4 次击球中只能击出一次安打。对于击球手和投手来说，微小的差异最终决定了谁是全明星、谁是路人、谁是失败者。这让棒球运动员更容易成为迷信者，他们不放过任何可能提升运气的方式，无论它有多荒谬。

三垒手韦德·伯格斯主要效力于波士顿红袜队，拥有了不起的职业生涯战绩。他的平均击球率为 0.328，曾经连续 12 次参加全明星赛，并于 2005 年入选棒球名人堂。他是一个狂热的迷信者，如果有迷信名人堂，他肯定也会入选。伯格斯每天都在同一时间醒来，下午 2 点吃鸡肉，每 14 天轮换一次 13 道菜的食谱（其中包括两次柠檬鸡）。如果在芬威球场参加晚上的比赛，他会在 3 点半准时来到他的储物柜前，换上球衣，然后 4 点去替补席热身。接下来，他会开始一套精准的热身程序，包括防守 150 个整地面球。在热身的最后，他依次站上三垒、二垒、一垒，然后是基线（在比赛中，他会跳过基线），向教练席走 2 步，然后向替补席走 4 步。到赛季结束时，伯格斯已经在草地上留下了深深的脚印。他总是在 5 点 17 分练习击球，在 7 点 17 分练习冲刺跑（对方球队经理曾经把体育场时钟从 7 点 16 分直接调到 7 点 18 分，试图迷惑伯格斯）。

在比赛中，当伯格斯站上三垒后，会用左脚把面前的泥土踩平，轻拍手套 3 次，拉直他的帽子。每次击球，他都会在击球位置划出希伯来文的"Chai（生命）"，虽然他并不是犹太人。

无论哪一种迷信，都源于对运气的低估。每当有好事或坏事发生，我们都认为事出有因。如果找不到什么明显的原因，我们就会自己编造一些：我换了袜子，或是没有换袜子；我跑到球场上时碰到了边线，或是跑到球场上时没有碰到边线。其实，这些几乎都不重要。但是，相比承认自己受运气摆布，愚蠢的迷信总是更令人感到安慰。

闭上你的嘴

在棒球比赛中，投手的成绩体现在投完9局之后是否有球被击中，对方是否得到安打。即使只有一次投球被击中，或者只有一个防守错误，也有可能会让对方上垒。对于投手来说，一场完美的比赛是让27位击球手全部出局而没人上垒。

无安打比赛和完美比赛都很罕见。截至2015年，平均每个赛季总共只有2场无安打比赛和23场完美比赛。这些比赛都很精彩，其中涉及很多运气因素，因为没有人能在发挥失常的情况下实现这样的比赛。

在比赛中，投手常常会在第一、第五、第六、第七局达到无安打，然后因为一次击打就错失了无安打比赛的机会。如果在某处、某时，有某人向投手提及他目前无安打，然后投手投出的球恰好被击中，那么大家就会怪罪这个大嘴巴，是他的诅咒破坏了无安打的局面。

最具潜力的无安打最终总是无法变成无安打比赛，因为机会不允许。假设我抛一枚硬币，有2/3的机会正面落地，1/3的机会背面落地。我碰巧连续18次抛出正面（就像投球连续6局没有被击中），之后，再连续9次抛出正面（就像再来3局无安打）的可能性就会低于3%。在棒球比赛中，这种概率可能会更低，因为投手在比赛过程中会感到疲倦。

如果在前18次抛出正面后，我碰巧说了："嘿，已经连续18次正面了！"然后在接下来的9次抛硬币中偶然抛出一次背面，你会说我诅咒了自己吗？还是会说这并不奇怪，因为全部抛出正面的可能性太低了？我希望是后者。

然而，在棒球比赛中，对于无安打有3个不成文的规定：不要说"无安打"，不要说"无安打"，不要说"无安打"。大多数球员更极端一些，根本不会和投手讲话。许多球员甚至在休息区不敢坐到投手旁边，担心他们说的一些话可能会诅咒无安打。

一个奇妙的例外发生在纽约洋基队的投手唐·拉森身上。1956 年的世界系列赛中，纽约洋基队对阵布鲁克林道奇队，唐·拉森在第二场和第五场比赛中出场。在第二场比赛中，他只坚持了两局，放弃了四次上垒和跑垒。而第五场比赛则完全不一样。在第七局中，拉森表现得相当完美。他的队友不再和他说话，也不敢坐在他旁边，害怕会诅咒这个奇迹。拉森认为这纯属扯淡，所以，他在休息区放下正在抽的卷烟，逼近队友米奇·曼特尔："看看计分板，米奇。是不是很棒？还有两局。"你知道结果怎样吗？拉森又投出了完美的两局，成为世界系列赛中唯一一个实现完美比赛的投手。

第二天，报纸报道了这场比赛，标题是："不完美的人投出完美的比赛"。除此之外，拉森的职业生涯并没有给人留下深刻的印象：14 年间效力于 8 支球队，整个职业生涯平均自责分 3.78，胜负成绩为 81-91。在那场历史性的比赛中，前 7 局里他已经成功超越了他的能力，即便在最后两局中错失一次击打也并不奇怪，无论任何人说了什么、做了什么。但他的运气继续保持了两局，并进入了史册。

这样的迷信不仅限于棒球的无安打比赛和"队友诅咒"。不知人们怎么会有这个想法——如果电视或者电台播音员提到某个非凡的表现，那么这个表现就会受到诅咒。

2014 年 11 月，推特上充满了抱怨——克利夫兰布朗队因为 CBS 的播音员而输掉了一场橄榄球比赛。当布朗队进入对方 20 码线时，播音员告诉观众，在先前 99 次如此接近对方球门线时，布朗队从未失手过。但这一次布朗队失手了，球迷将其怪罪到 CBS 身上。

几个星期后，当达拉斯牛仔队的丹·贝利尝试 41 码射门时，福克斯电视台的播音员乔·别克说，贝利是 NFL 历史上射门最准的踢球手，在 4 年的职业生涯中，127 踢 114 中。但正如你所料，贝利这次射偏了，牛仔队的粉丝没有责怪贝利，反而责怪别克。

别克的话怎么可能比贝利的腿发挥更大的作用呢？"播音员诅咒"比"队友诅咒"更荒谬。或许跟球员交谈会让他紧张，但球员根本听不到的东西不可能影响他。然而，有些人就是相信这些"诅咒"。

更奇怪的是，有些人在看电视直播的体育赛事时会离开房间，因为害怕会诅咒自己喜欢的运动员或球队。不止一次，我看到有人走进一个正在播放橄榄球比赛的房间，很高兴地发现他最喜欢的球队即将赢得一场他们预计会输掉的比赛。几分钟后，他喜欢的球队失球，他冲出房间，确信自己诅咒了那支球队。

这是选择性记忆在玩弄他的头脑。如果直到比赛结束都没有什么特别的事情发生，那么他什么也记不住。但是，一旦有一个意想不到的不利转折，他就会认为这个巧合是有意义的，并且铭记于心。他不能接受这样一个事实：他最喜欢的球队可能一度很幸运，然后，他们的运气用光了。

记住好时光

类似的事情发生在我儿子效力的旅行棒球队上。这支球队的教练自视甚高，经常在比赛的关键转折时刻换上一名王牌替补击球手或投手，认为替补队员会比换下的队员表现得更好。如果替补球员确实表现出色，教练就会吹嘘自己是个天才；如果球员表现不佳，教练就会责备这个孩子。他不能接受这样一个事实：每一次换人都有运气因素，无论这次换人是明智的还是随意的。

这位教练只记住了换人奏效的情况，而忘记了不奏效的情况，并由此创造了一种带有偏见的规律。公正的评估应该是考察所有换人的情况，把成功和失败的次数列成表格。但这种方式本身也存在问题，因为我们无法知道，如果没换上替补队员，情况会如何发展。

其实，我们每个人都有选择性记忆。至今，我还清楚记得我在体育方面最辉煌的瞬间。我曾经担任本地星期日休闲联盟的足球队队长。我们从不训练，只在比赛前半小时集合，穿上运动鞋，踢我们自己定义规则的足球。

在一个赛季的最后一场比赛中，我们对阵英国斗牛犬队。此前，两支队伍都保持不败，这场比赛的胜者将获得联赛冠军的纪念 T 恤。

那场比赛，我们的防守做得很好，直到最后时刻，依然保持着 1 比 0 的领先。当时，斗牛犬队队长从中场带球向我们的球门跑来，随后在禁区里摔倒——这是一个漂亮的假摔。裁判判给他一个点球，这让他有望扳平比分。裁判做出判决的同时，比赛结束了，所以，点球是比赛的最后一刻。

那天，我们队的守门员因故缺席，由我临时担任守门员，这是我非常不擅长的位置。整场比赛中，我几乎没有什么精彩表现，虽然我知道怎样冲出球门拦截球，但从来没有防守过点球。我和队友们聚在一起商量对策，他们告诉我，只需要选择一个方向，左或右，然后朝那个方向扑救。

当对方的明星前锋准备射门时，我决定向左扑球。他的射门飞向左门柱，但我的手刚好碰到了球，把球挡了出去。裁判吹响了哨子，比赛结束了！我和队友们拥抱在了一起。是的，我们赢得了比赛！我们赢得了 T 恤！

几十年后，我仍然清楚地记得那场比赛，虽然向左扑的决定只不过是一次幸运的猜测，如同在心里抛了一次硬币。

如果比赛以 0 比 0 结束，然后用抛硬币的方法来决定冠军归属，我也许会选择背面，然后猜中，赢得冠军，但此后我会一直记得这次抛硬币吗？当然不会。

我无法预知对方会朝哪边射门。成功的概率只有一半，我的猜测是正确的；另一半的概率，我的猜测是错误的。这一次，我碰巧猜对了，我永远也不会忘记。

真的是运气吗?

也许你会提出这样的问题:当你抛硬币时,结果真的是由运气决定吗?如果我们知道硬币准确的重量和大小、在食指上的最初位置、用拇指弹起硬币时的力度和角度、周围的风速和其他环境条件,难道不能写出描述硬币轨迹的方程式吗?从理论上来说,这是可以做到的。那么运气又是如何发挥作用的呢?

以上想法的确客观。然而,在实践中,我们根本无法了解那么多数据。所以,最有效的说法是:在抛硬币的时候,正面落地和背面落地的概率是一样的。

我曾经在耶鲁大学和一位著名的理论统计学者公开辩论运气的意义和可能性。他争辩说,如果他抛一枚硬币,并将手合上抓住硬币,那么硬币正面朝上的概率要么是 0,要么是 1,这取决于硬币如何落下。我则认为,除非我们能看到结果,否则,概率是 50% 的说法依然有效。同样,假设把洗过的扑克牌发给一群玩家,其中一名玩家拿到 4 张黑桃,并希望下一张牌也是黑桃。经典统计学家会说,洗牌后的扑克已经确定了顺序,下一张要么是黑桃,要么不是黑桃,所以概率是 1 或 0。然而,对于扑克玩家来说,他并不知道下一张究竟是什么花色,所以,黑桃和非黑桃都有可能。

最后一个例子。一位女士发现胸部有可疑的肿块,想检查一下自己是否患有恶性肿瘤,乳腺 X 光检查结果是"可能有但不确定"。有些统计学家会认为该肿块是恶性肿瘤的可能性是 0 或者 1,这取决于肿块是否是恶性的。我认为,在无法确定肿块性质的情况下,根据检查结果指定一个概率是有效的,这样,医生和病人就可以决定如何进行下一步治疗。

当某些事还不明确的时候,我会使用"可能性"和"运气"这样的词汇。我们不知道硬币是如何落地的、下一张牌是否会是黑桃、肿块是否是恶性的。当硬币正面落地、下一张牌是黑桃、肿块是良性时,确定概率并承认运气发挥了作用，这样才是有效的。四分卫的成绩不是靠抛硬币来决定的，其中必然有能力因素，但表现也会随着运气而波动。因此，我们才能正确预测他的表现，乃至教育、医疗、商业以及更多领域中普遍的均值回归现象。

放聪明点

人们的期望总是很理想，认为职业运动员的表现应该是持续的、一致的，无论是击球率 0.250 的棒球选手，还是击球率 0.300 的棒球选手，应该每年都保持同样的击球率。让我们做一个不切实际的假设：一名选手在一个赛季中有 500 次击球机会，每次挥棒有 30% 的概率击中球，所以，长期来看，他的击球率有望是 0.300。从统计上看，500 次击球不需要很长时间，他的平均击球水平在任何一个赛季中可能都会保持在 0.300 上下。但是事实上，他的赛季平均击球率有 22% 的概率会低于 0.275，或者高于 0.325。

甚至，他的击球率超出 0.275 ~ 0.325 这一范围的可能性更高，因为获得安打的可能性并非固定在 0.300，而是取决于投手的表现、球场的环境、比赛的时间、球员的健康状况以及其他很多因素。

我们来看看一名球员每年的击球率是如何变化的，图 36 显示了美国职业棒球大联盟中 55 名球员在 2014 年和 2015 年的平均击球率。这些球员每年至少击球 502 次，这是赛季击球评奖的最低标准。记住，他们不是小联盟球员或者业余爱好者，全部都是大联盟球员，并且正处在他们的职业巅峰，在 2014 年和 2015 年拥有最多的击球数。

图 36

2014 年和 2015 年大联盟平均击球率

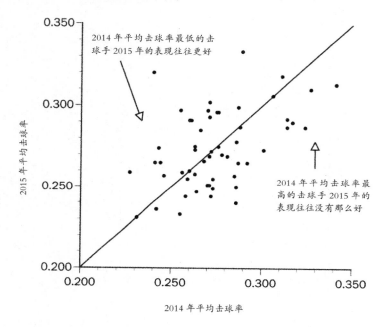

2014 年平均击球率最低的击球手 2015 年的表现往往更好

2014 年平均击球率最高的击球手 2015 年的表现往往没有那么好

2015 年平均击球率

2014 年平均击球率

　　2014 年和 2015 年平均击球率的相关性为 0.47，这意味着它们有着积极的统计关系，但不是很紧密。无论球员在 2014 年的平均击球率是多少，在 2015 年，他们的表现都有所改变，唯一的相同点是平均击球率回归均值。

　　45 度线以上的是 2015 年的表现比 2014 年好的球手，线以下的是 2015 年的表现比 2014 年差的球手。2014 年平均击球率最高的击球手，在 2015 年的表现往往没有那么好；而 2014 年平均击球率最低的击球手，在 2015 年的表现往往更好。平均来说，2014 年高于（或低于）平均值 50 分的球员，2015 年只高于（或低于）平均值 23 分。

　　2014 年和 2015 年并没有什么特别之处。每一年，球员们的表现和下一年的表现之间都有着松散的关系。我观察了从 1901 年到 2015 年这 115 年间的棒球比赛数据，发现相邻年份间平均击球率的平均相关性为 0.50。有些球员比其他球员能力更强，但是在任何一个赛季中，球员的表现都有

図 37
2014 年和 2015 年 50 名球员的平均自责分

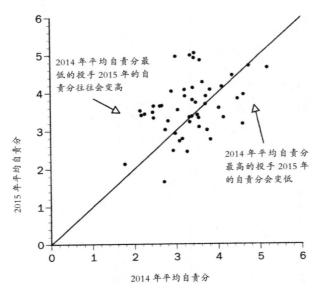

很大的运气因素。

图 37 显示了 2014 年和 2015 年 50 名球员的平均自责分，这些球员每年至少出场 162 局，这是入选投手奖项的最低标准。这两年平均自责分的相关性是 0.39，平庸磁铁再一次把最好和最坏的表现都拉向了平均值。

平均来说，2014 年高于（或低于）平均值 1 个上垒的投手，2015 年只高于（或低于）平均值 0.4 个上垒。从 115 年中的整体情况来看，相邻年份间平均自责分的平均相关性为 0.31，大幅低于相邻年份间平均击球率的平均相关性。

更好的预测

现在，我们来尝试通过一名美国职业棒球大联盟球员本赛季的表现，来预测他下个赛季的表现。天真的预测是，今年击球率为 0.300 的球员，明年的击球率还是 0.300。但我们知道，运气会导致不同赛季的平均击球率发生变化，我们要考虑到均值回归的可能性。表现远超队友的球员也许只是受益于好运，能力或许并没有那么强。

我们可以用凯利公式进行预测。我们根据一名球员 2014 年的平均击球率、2014 年所有球员的平均击球率，以及平均击球率之间的信度，来预测这名球员在 2015 年的平均击球率（BA）：

"2015 年预估 BA=R×2014 年 BA+（1−R）×2014 年所有球员的平均 BA"。

信度可以根据 2013 和 2014 赛季平均击球率的相关性来预估。由于信度小于 1，我们将该球员 2014 年的平均击球率向 2014 年所有球员的平均击球率靠拢，以此预测他在 2015 年的表现。

在使用 1901 年至 2015 年大联盟棒球比赛数据时，我正是这么做的。这些数据都是可靠的，因此，我的预测也并非虚假预测。我对 2015 年的预测基于 2013 年和 2014 年的数据，对 2014 年的预测基于 2012 年和 2013 年的数据，以此类推。

为了计算严谨，我只使用挥棒至少 502 次的球员的数据。根据均值回归缩小数据范围后，预测的准确率为 59%；使用更广泛的数据库对结果影响不大。对于挥棒至少 400 次的球员，缩小数据范围后的预测准确率是 59%。对于挥棒至少 300 次的球员，缩小数据范围后的预测准确率仍然是 59%。

投手的结果也是相似的。对于出场至少 162 局的球员，缩小数据范围后的预测准确率是 59%。对于出场至少 130 局的球员，缩小数据范围后的预测准确率依然为 59%。再看出场至少 100 局的球员，缩小数据范围后的预测准确率是 60%。

让分

橄榄球赌博是以庄家预设的让分作为投注线的，所以赌徒们会说："输赢不重要，重要的是让分。"例如，赌明尼苏达队 4 分胜芝加哥队，如果明尼苏达队赢了 4 分以上，那么押他们的人就会赢得赌注；如果芝加哥队胜或明尼苏达队领先少于 4 分，那么押芝加哥队的人就会赢得赌注。

通常情况下，每 11 美元的赌注，赢家的回报是 10 美元。而赌场的目标是建立让分来平衡押在每支队伍上的赌注。如果他们能做到这一点，那么无论比赛结果如何，输家付出 11 美元，赢家获得 10 美元，而庄家都将得到 1 美元。

赌徒下注 11 美元赢得 10 美元，这意味着需要 52.38% 的胜率来保持平衡。只有胜率超过 52.38% 的专家才能赚钱。很多人都以为自己是专家，却很少有人真的是。从专家和幻想者身上收取赌注，庄家就能过上好日子了。

庄家试图考虑赌徒能考虑到的所有因素：球员的长处和短处、伤势、主场优势、历史胜负。此外，赌徒往往还会缺乏理性，例如，出于情感原因倾向于押绿湾包装工队。此时，庄家会将让分设定为包装工队将比实际情况表现得更好。客观来讲，如果包装工队的预期让分是 3 分，庄家为了平衡胜负赌注，会把让分改为 4 分。聪明人会反向下注，有一半以上的概率会赢。而对于庄家来说，幸运的是，笨蛋比聪明人要多。

有经验的庄家特别擅长设定投注线。否则，他们无法在这一行生存下来。当然，赌博是零和博弈，如果庄家赚钱了，肯定是因为有赌徒输钱了。尽管有损失，赌徒依然会对自己的选择怀有错误的信心，并且继续下注。赢钱时，他们觉得这是因为自己聪明；输钱时，他们觉得这是因为自己没有休息好或者裁判不好，而不是他们的错误。

赌徒们认为结果取决于运气，这是正确的。判断、受伤、裁判，甚至众所周知的橄榄球弹跳，都是不可预知的。但他们只在输的时候承认运气发挥了作用，这是不正确的。赢钱或许也只是因为幸运。

运气在橄榄球比赛中发挥了重要作用，它让我们误以为表现的差异等同于能力的差异。然而，表现总会回归均值，所以，这个星期表现最好的队伍下个星期通常都不会表现得很好。

如果赌徒懂得均值回归定律，那么庄家也会把它纳入考量范围，因为他们希望对阵的两支队伍上都押了同样的钱。而如果赌徒不太懂得均值回归，就会对胜负反应过度，导致投注线也反应过度。

马库斯·李（曾经是一名学生，现在是博士）和我调查了这个问题。我们发现，如果赌徒忽略均值回归现象，就会高估强队、低估弱队。一支球队打破让分，有可能是因为球队的能力比预估的要好，还有可能是因为运气。均值回归的论点表明，一支球队超出让分越多，就越有可能与实际能力不符。如果赌徒不能完全意识到这一点，就会过于高估这支球队的实力，在下一周把投注线提得过高（这支球队会成为大热门）。如果是这样的话，反其道而行之，向打破让分的球队下注，或者押没有打破让分的球队获胜，可能会有利可图。

根据这一结论，我和马库斯·李尝试下注。在每一场比赛中，我们的策略是反赌两支球队中上一场比赛打破让分的那一支。我们并没有预测球队的表现，只是简单假定赌徒们会把打破让分的球队的投注线推得过高。

我们最初的假设是，赌徒会受到球队超出让分的具体分数影响，因此，我们应该根据球队超出或低于让分的累积分数来投注。例如，2000赛季，明尼苏达队和迈阿密队之间有一场比赛。前一个星期，明尼苏达队对阵芝加哥队，投注线被设定为明尼苏达队赢4分，实际上，明尼苏达队以3分获胜，比让分低了1分。所以，在这一个星期，我们假定其他赌徒会低估明尼苏达队的成绩，于是在明尼苏达队身上押1美元。而前一个星期，迈阿密队对阵西雅图队，投注线被设定为迈阿密队赢3分。实际上，迈阿密队以 23 分获胜，高出让分 20 分，所以，在这一个星期，我们反赌迈阿密队 20 美元。总的来说，我们押明尼苏达队 1 美元，并且反赌迈阿密队 20 美元，也就是在明尼苏达队身上押了 21 美元。最后，投注线被设定为明尼苏达队赢 3 分，实际上，明尼苏达队以 6 分优势拿下比赛，我们赢钱了。

另一种策略是计算一支球队打破让分或没能打破让分的次数。继续刚才的例子，进入本赛季的第二个星期，明尼苏达队再一次没能打破让分，迈阿密队打破让分一次，我们押明尼苏达队 2 美元。

每个星期我们都加大赌注，最终总金额达到 1000 美元，但下注的策略保持不变：在上一场比赛表现差异最大的两支球队上下最大的赌注；当两支球队相对让分的表现相同时，我们下很少的注；当一支球队相对让分的表现比对手好时，我们会在对手身上下相对较大的赌注。

为我们发表论文的杂志邀请一名裁判给这篇论文做了一些修正。我们的策略基于赌徒低估了运气的作用。从逻辑上讲，如果前几周对阵球队的表现有巨大差异，那么这种策略将是最有效的。裁判建议，当两支球队相对让分的表现相同时，与其下很少注，不如不下注。在使用这个策略之前，我们需要在 0 到 10 之间设定一个切分点，然后看对阵的两支球队表现差异是否超过了切分点。例如，如果一支球队打破让分 5 次，没能打破让分 2 次（净值为 3 次），另一支球队打破让分一次，没能打破让分 6 次（净值为 -5 次），那么这两支球队之间的差异是 8。如果我们设定的切分点是 8 或者更低，就押表现差的那支球队；如果我们设定的切分点大于 8，就可以等待一个更加诱人的局面。

图 38 提供了我们的数据摘要。如果热门球队打破了让分，就视为成功；反之，则视为失败。让分基本上是准确的，热门球队成功 912 次，失败 914 次。所以，简单的策略就是始终押热门球队会失败（或者始终押弱队）。图 38 显示的是平均让分和热门球队平均实际胜利让分。在我们研究的时间段，平均让分是 5.60，而热门球队平均实际胜利让分是 4.98。

图 38

让分和结果

年份	比赛场次	成功	失败	平均让分	平均胜利	相关性
1993	224	102	113	6.07	4.75	0.39
1994	224	100	116	5.20	3.94	0.41
1995	240	114	120	5.73	4.62	0.38
1996	240	128	106	5.48	5.28	0.39
1997	240	102	120	5.42	4.52	0.35
1998	240	127	100	5.73	6.87	0.49
1999	248	124	114	5.51	4.21	0.31
2000	248	115	125	5.85	5.57	0.46
1993—2000	1904	912	914	6.60	4.98	0.40

图 39

利润

缺口	根据累积分数下注			根据累积比赛下注		
	下注次数	胜率	获利率	下注次数	胜率	获利率
0	1733	52.05	3.73	1445	52.87	5.96
2	1671	52.18	3.74	1199	52.79	6.09
4	1614	52.17	3.79	563	53.46	9.63
6	1560	52.18	3.71	228	57.02	22.47
8	1502	52.60	4.15	79	58.23	31.91
10	1426	52.31	4.15	19	73.68	152.53

让分和实际胜利让分的相关性是 0.40，这意味着出现了重大的均值回归现象。

根据图 39 显示的结果，下注基于两种策略：

1. 计算一支球队高于或低于让分的总分数；

2. 计算一支球队高于或低于让分的次数。

例如，使用的切分点为 0（无限制），如果按照第一种策略，计算对方球队高于或低于让分的总分数，并且据此下注，那么我们的胜率为 52.05%。下注 11 美元对赌庄家的 10 美元，净利润为赌注总额的 3.73%。

如果按照第二种策略，计算球队高于或低于让分的次数，并且据此下注，那么我们可以赢得52.87%的赌注，利润率5.96%（由于每场比赛下注不同，我们有时候并没有赢得52.38%的赌注，但我们的策略是有利可图的）。

总而言之，使用切分点增加了胜率和利润，证明我们的策略是有效的，因为过强或过弱的意外表现总是会给赌徒带来巨大影响。

我们纯粹是出于学术角度，目的是提供令人信服的证据，表明赌徒没有充分体会到运气在体育比赛中的作用。然而，据报道，一个澳大利亚人根据我们的研究，在橄榄球比赛中下注并且获利；一些美国人和加拿大人也用我们的方法来下注NFL比赛。

VI　健康

阿司匹林：特效药还是安慰剂？

几年前，我接受了一项常规医学检查，内容包括身高、体重等项目，其间被问及了一些关于生活方式的问题（例如我是否吸烟，答案是否定的），还做了一些测试。护士测量了我的体温、心率及血压，我还稀里糊涂地做了尿检和血检。

当晚，我接到了一个电话，说某项测试（我记不清是哪一项了）结果堪忧。95% 的健康受试者的该项指标都在正常范围内，而我的测试结果偏偏在正常范围之外。因此，我显然是"不健康的"。

我的医生让我不必担心。她要求我服下两片阿司匹林，好好睡一觉，然后第二天重新检查。我照办了。

令人欣慰的是，最新的结果在正常范围之内。到底是阿司匹林，还是一夜好觉起了作用？也可能两者都不是。最有可能的原因或许是均值回归效应。即便是健康人，测试的结果也总是存在差异。血压会受到测试时间、消化程度及情绪状态的影响。而测试前我们吃了什么、是否锻炼过，都对胆固醇有影响。

另外，设备故障以及检测人员在读取、记录和解读测试结果时造成的误差，也会影响结果。

假设我是一个完全健康的人，在每项测试结果中，我都有 95% 的可能性在"正常范围"内，这也就意味着还有 5% 的可能性不在"正常范围"内。那么如果我分别接受 10 次测试，就有 40% 的可能性在其中一项测试中碰巧被认定为不正常。

如果一项测试的结果因为运气的因素显得过高或者过低，那么第二次测试的结果可能更接近于平均水平。这种均值回归效应增加了评估患者真实状况及医学测试价值的难度。以我为例，究竟是阿司匹林还是一夜好觉起了作用，就不得而知了。

运气因素导致的不正常的测试结果往往会催生出不必要的治疗，而第二次测试结果中的均值回归现象会让我们误以为治疗是有效的。可事实上，这些治疗可能不仅毫无意义，甚至还会带来严重的副作用。

同样的例子还包括那些选择在家治疗的人。当他们觉得不舒服、疲惫或者疼痛的时候，可能会尝试一些不同的东西。即便这些"不同的东西"是没有效果的，他们通常也会感受到自身状况的改善，从而觉得自己尝试的方法是有效果的。

医生和医院也是如此。还记得那些因为表现的差异而被表扬或责骂的飞行员学员吗？那些所谓的优等生，在下一次飞行中的表现往往大不如前，而之前表现不好的学员情况却恰恰相反，但是这种变化并不是表扬或者责骂造成的。同样的例子还包括医院，如果一家医院因为优质服务而得到褒奖，那么此后它的医疗水平往往会下降；如果一家医院因为服务水平低下而受到处罚，那么它在未来往往会提高。

由此，我们似乎可以得出一个显而易见的错误结论——增大处罚力度、减少奖励，是提升医院表现的有效途径。

更好，更差，更好

美国医学协会定期刊物上发表的一篇文章显示，当使用某些医学手段进行长期观察时，医生有可能被均值回归效应误导，从而得出错误的结论。在观察期的每个时间点，测量错误以及患者生理状况的改变都有可能造成数据解读上的偏差。

例如，在治疗刚刚开始时，一些患者很快就有了好转，而另一些患者则进一步恶化了。到了下一个时间点，情况出人意料地发生了反转，前者的疗效渐渐回落，而后者却似乎因治疗而有所好转。

作为衡量疗效的手段，这样的评估方法并不完美。平均而言，最初改善最大的患者并不像数据显示的那样得到了极好的疗效，后续的数据将接近于平均数，这意味着疗效渐渐消退。而另一方面，最初观察到的恶化可能只是误差导致的，后续的数据将更加积极，颠覆之前的结论。

为了证明自己的论点，作者从一项为期两年的实验中采集了一些数据。这项实验研究的是药物阿仑唑奈对髋关节骨密度（BMD）的作用，实验对象是面临骨质疏松风险的中年女性。总体上，这些女性的 BMD 在第一年内平均增长了 2.2%，在第二年内平均增长了 0.9%。

图 40 显示的是第一年、第二年 BMD 的增长情况。根据第一年的改善情况，这些女性被分为 8 组。此后，令人费解的反转发生了：第一组的 BMD 第一年平均增长了 10.4%，但是第二年却减少了 1%；最后一组的 BMD 第一年平均减少了 6.6%，第二年却增长了 4.8%。

由此，医生很容易得出错误的结论。根据第一组患者的数据，医生可能会认为，治疗方法只在短期内发挥作用，因此需要在它变得弊大于利之前及时终止。根据最后一组患者的数据，医生可能会停止治疗，然后看看患者的情况是否有所改善，由此证实该疗法似乎只会带来弊端。在这两种例子里，医生都被均值回归效应误导了。

图 40
第一年、第二年内 BMD 的平均增长

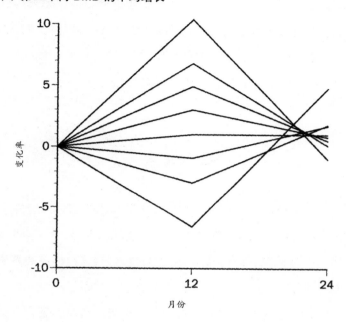

月份

自愈

有句俗语讲得好："如果治疗得当，感冒将在 14 天内痊愈；如果置之不理，感冒将持续两周。"

这是医生的经典建议之一。一方面，医生会说："明天早上再打电话给我。"另一方面，他们又会提出上述建议，避免被无端打扰。

当我生病时，即便阿司匹林没有发挥任何作用，我在第二天早上依然有可能感觉有所缓解，这是因为人体具有神奇的自愈功能。假设你因为严重的擦伤而流血了，在没有任何医学干预的情况下，伤口会自行止血、结痂，然后愈合。

为什么"明天早上再打电话给我"能够发挥作用？不外乎以下两点原因：首先，医学测试并不能完美地检测病情，也许测试结果令人担忧，但是患者的状况并没有那么糟糕，所以最终会回归到平均水平；第二，那些真正患病的人能够有所改善，是因为他们的身体在不断地抗争，所以他们的状况也将趋向于平均水平。

事后推理

　　"早上再打电话给我"经常发挥作用，这意味着患者的改善来自于医生的治疗，即便该疗法实际上毫无价值。在一部老卡通片中，一只狗狂吠后，火山便爆发了，于是市民们把它奉为犬神，向它鞠躬。这种经典的逻辑错误被称为"事后推理"。其实，这两件事情并没有因果关系。

　　假设某位患者的血压测量结果畸高，看起来病情有可能恶化。医生因此推荐他接受某项医学疗法，或者改变生活方式（多锻炼、少吃垃圾食品），然后，测量结果就开始有所改善了。然而，即便患者没有接受治疗，也没有改变生活方式，我们照样可以期待测量结果有所改善。较高的血压可能是因为测量错误导致的，或者仅仅反映了自然差异；也可能是因为患者为了避免迟到，一路狂奔穿过了停车场；还可能是对测试感到紧张，导致心跳加快，血压升高。

　　当测试对象是一群人时，情况也是如此。假设对一大群人进行测试，挑出其中胆固醇指数最高的 5% 的人，让他们接受节食计划。还记得之前的一个例子吗？对于那些考试垫底的学生，老师只需要在他们头上挥挥手，就可以期待他们的分数提高。同样，即便节食计划只是要求患者吃东西前在食物上挥挥手，我们照样可以期待他们的胆固醇指数有所下降。

　　1987 年，《纽约时报》转载了一篇美联社文章，标题为"药物可能会缓解 SAT 考生的过度紧张"。来自布兰迪斯大学的哈里斯·法格尔博士在得到美国儿科学会许可后，挑选了 25 名高中生。这些学生在高二学期末参加了 SAT 考试，而考试结果就他们的 IQ 测试分数和其他学术能力标准而言，明显低于预期。

到了高三，他们重新参加了 SAT 考试，在考试前一个小时，他们服用了药物"心得安"，以放松身心。这一次，就平均水平而言，他们的考试分数有所上升，词汇部分提高了 50 分，数学部分则提高了 70 分。通常来说，在第二次 SAT 考试中，学生们在这两项上分别只能提高 18 分和 20 分。

为什么心得安可以发挥作用呢？法格尔给出了如下解释："他们被父母和老师灌输了这样一种思想：如果没有考好 SAT，他们就上不了大学。因此，随着考试临近，他们的压力与恐惧与日俱增。"然而，很显然，这只是一种均值回归现象。这 25 名学生的能力无疑高于考试分数所体现的水平。事实上，也正是因为这一点，他们才会被选中。所以，不管他们是否服用心得安，我们都可以期待他们的分数能够有所提升。

然而，《纽约时报》的这篇文章带来了一个不幸的后果：一些家长阅读了该文章后，要求自己的孩子在参加 SAT 考试前服用心得安。我之所以用"不幸"这个词，是因为法格尔博士后来观察到，服用心得安的一个副作用便是容易打瞌睡，这对于参加 SAT 考试而言可不是什么好事。

还有一些与服用心得安类似的奇怪疗法，它们都基于错误的事后推理。某些人感到不舒服，于是接受了治疗，然后病情有所改善。所以一定是治疗促使病情好转的，对吗？

不管你相不相信，一些人居然采用了"尿液疗法"。他们用尿液涂抹皮肤或者喝下尿液来治疗过敏、哮喘以及其他疾病。有一家推广尿液疗法的网站宣称："该疗法可以缓解硬化、结肠炎、狼疮、类风湿关节炎、癌症、肝炎、多动症、胰腺功能不全、牛皮癣、湿疹、糖尿病、疱疹、单核细胞增多症、肾上腺衰竭、过敏等许多疾病。"至少我是不会接受这种治疗的。

让我们再回顾一下过去。几个世纪以来，很多聪明人相信，流行病是因为人们吸入了室外的恶臭空气（特别是晚上的空气）导致的。当这种恶臭实在令人难以忍受时，人们可以待在室内，或者外出时用一块布遮住鼻子和嘴。

还有一些人认为，可以在室内制造同样糟糕的空气来进行抵消。例如，在房子里养一只羊，或者把难闻的气体贮存在罐子里，随时拿出来闻一闻。

更离谱的是肯奈姆·迪格比倡导的"同情心粉末"。这位 17 世纪著名的英国绅士曾因在荷兰和威尼斯指挥海军得力而为人们所熟知，同时他还是皇家学会（以支持和推动科学发展为目的）的创始成员之一。

迪格比写过一本修订再版过 29 次的著作，其中推荐了一种治愈伤口的药膏："取罗马硫酸盐（硫酸铜）6 ~ 8 磅，在研钵里打成小块，当太阳运行到狮子座方位时，将其用筛子细筛一遍，然后放在阳光下自然烘干。这个药膏最神奇的地方并非在于其制作的时间，而在于它不是被涂抹到伤口上，而是涂抹到制造伤口的器具上。"例如，一个人被小刀割伤，他需要把药膏涂到小刀上。毫无疑问，使用了这种药膏后，伤口有时会痊愈，但这并不是因为所谓的"同情心粉末"，而是因为人体的自愈能力。

如今，我的儿子正在尝试一种比"尿液疗法"或"呼吸恶臭"稍好的治疗方法（我对此舒了口气）。他是一名棒球选手，正如我先前提到的那样，棒球比赛的主题就是失败，因为即便是最优秀的棒球选手，出局的次数也是击球次数的 2 倍。许多选手通过尝试各种方法来应对这种挫败感，例如不洗袜子、不刮胡子、进场时踩犯规线，或者出场时跳过犯规线。几年前，许多职业选手和业余选手都相信，佩戴有穗带装饰的钛金属项链能够让他们成为更好的击球手。一家公司在广告中宣称："物质能够释放出能量，进而有效地控制人体内的生物电流流向，当流向稳定时改善离子的队列（所谓的'负离子力'），在身体的关键活动关节尤其效果显著。"据说，棒球项链还能改善选手的注意力，加速缓解运动疲劳。

像很多流行一时的怪风气一样，这种疗法的热度转瞬即逝。我的儿子也不再佩戴棒球项链了。做广告的那家公司曾把这种项链的价格定为39.99 美元，现在它的售价仅为 2.73 美元，而且包邮。

副作用

如果你相信一项无效疗法，那么你投入的不仅仅是治疗费用，很可能还会受到副作用的影响。除了打瞌睡之外，心得安可能带来的副作用还有发烧、皮疹、呕吐、腹泻、阳痿和心脏疾病。如果你决定服用某种药物或者接受某种疗法，首先应该对潜在的利弊进行比较。但是如果你不了解均值回归效应，高估了疗法的益处，那么通常会忽略这种比较。

疗效被夸大的另一个原因在于，医学实验关注的通常是那些已经被查出患有特定疾病的患者。而在实验之外，医生接诊的患者病情往往没那么严重，有些患者只是出现了一些症状，但并非真的患病了。在这样的情况下，医疗手段起到的效果很小，带来的副作用却是一样的，这就影响了真正的利弊对比结果。

例如，抗生素被广泛视为一种神奇的药物，它们通常非常有效。然而，即便是在抗生素的副作用大于疗效的情况下，一些医生还是如条件反射般地开出了抗生素。抗生素可能带来的副作用包括过敏反应、呕吐和腹泻。服用抗生素无论是否能够带来良好的效果，面临的风险都是相同的。

对于幼儿耳部感染，美国儿科学会如今建议家长和医生进行进一步的观察，看看在不使用抗生素的情况下，身体是否能够自愈。

对于更普遍的疾病，一本广受推崇的重症监护室指南——《ICU Book》中这样建议道："使用抗生素的第一法则就是尽量不使用，第二是尽量不滥用。"

观察数据

1963 年，一位名叫桑德斯·弗兰克的医生给著名的《新英格兰医学周刊》写了一封信。信中称，在他的男性患者中，有 20 名患者的耳垂出现了对角线折痕，同时伴有其他心脏疾病风险（例如高胆固醇、高血压以及大量吸烟的习惯）。例如，上述患者的平均胆固醇水平为 257 毫克 /100 毫升，而健康的中年男性胆固醇水平为 215 毫克 /100 毫升。

在你急着去照镜子之前，需要注意到这篇报告中存在的一个大问题——这些是随机观察得出的数据，而非实验数据。随机事件本身并不是证据，数据也不能通过叠加随机事件而获得。那么，弗兰克医生为什么会观察到那么多相似的情况呢？大多数人并不喜欢看医生，除非他们认为自己身患重病。弗兰克医生主治呼吸问题，高胆固醇、高血压以及大量吸烟的习惯都与呼吸问题息息相关。这些患者或许恰好因为这些原因而感到呼吸困难，于是来找弗兰克医生看病。他们碰巧拥有的共同点（秃顶、泡泡眼、大拇指），似乎都能解释为升级的风险因素，即便这些特征与疾病毫不相干。

从这之后，针对耳垂折痕与心脏病之间关联的研究都是模棱两可的，可能是因为定义"耳垂折痕"本身就很困难。最合理的解释莫过于：随着年龄的增长，人们的耳垂会渐渐长出褶皱，也更容易患上心脏病，但是这两者之间并不互为因果。我们应该关注的是年龄，而不是耳垂。

统计学家总是在说相关性并不是原因，但是这种说法缺乏说服力。每当我们看到一个相关性，就会假定存在一个原因，虽然这个原因可能存在也可能不存在。如果 A 与 B 相关，可能是由 A 引起了 B，也可能是 B 导致了 A，或者是某个原因同时导致了 A 和 B，或者这只是巧合，就像碰巧掉进游泳池的人的数量和演员尼古拉斯·凯奇出演的电影数量之间的相关性一样。

有一个叫做"错误的相关性"的网站列出了数百个滑稽而巧合的相关

性案例。没有人把这些案例当回事（至少我希望如此），但是有些相关性非常微妙，以至于会引起人们的关注。6 项大型医学研究的数据发现，胆固醇水平较低的人更可能死于结肠癌，而后续的研究得出了这样的结论：低胆固醇水平可能是早期未发现的结肠癌所导致的。所以，并不是 A 导致了 B，而是 B 导致了 A。

几个世纪以来，瓦努阿图群岛的居民们相信，体虱能够让一个人保持健康。这种民间智慧是基于观察到的事实——健康的人通常有体虱，而不健康的人通常没有。其实，不健康的人之所以没有体虱，是因为他们经常发烧，体虱无法在他们身上存活。

癌症村之谜

20 世纪 70 年代，流行病学家南希·威尔泽梅尔和物理学家埃德·利珀一路驱车穿过丹佛，对那些有成员在 19 岁前死于癌症的家庭展开研究，试图找出它们之间的共同特征。他们发现，这些家庭很多都居住在高压电线附近，所以他们得出这样一个结论：暴露在电线的电磁场中易引发癌症。

一位名叫保罗·布罗德的记者在《纽约客》上连续发表了 3 篇文章，报道了电线与癌症之间的其他随机相关性例子。他郑重警告道："数以千计的无辜儿童和成年人将罹患癌症，他们中的许多人将因为电线带来的电磁场辐射而英年早逝。"

这些报道引发了全国性骚动，给咨询师、研究人员、律师等人带来了无限商机，一些小型探测设备制造商也迎来了自己的春天。人们纷纷购置高斯计在家中测量电磁场辐射（EMF 值），把 EMF 值较高的房间改作库房使用。幸运的是，当地政府并没有切断国家的电线。

这种恐慌的问题在于，即便癌症的发病率在人口中是随机分布的，也总会有一些患者住得很近。为了展示上述观点，我模拟了一个人口数为 1 万人的城市，每个人的房子都一样大（我忽视了一个事实，即人们通常是以家庭为单位居住的，而且癌症发病的可能性与年龄相关）。我用电脑中的抛硬币程序来决定这座虚拟城市里的癌症患者人选。生成的癌症分布图如图 41 所示。每个黑点代表有一名癌症患者的家庭，白色区域代表癌症患者本人。

在分布图的下半边区域，有一块很明显的癌症患者聚集区。如果这是一个真实的城市，我们驾车穿过癌症患者密集居住的社区，肯定能够发现一些特别的东西，比如这个城市的少年棒球联合会的棒球场就在附近。如果我们将住在棒球场附近的居民的癌症发病率与离棒球场较远的居民进行比较，猜猜我们会发现什么？棒球场附近的癌症发病率明显较高，我们可以据此推断，少年棒球联合会的球场会导致癌症。

图 41 还显示了一个"癌症碉堡"，即城市中无人患癌症的区域。如

图 41
癌症地图

果我们驾车穿过这片地区，也可能发现一些不寻常的东西。例如，城市里的水塔就在附近。如果我们将水塔附近的居民的癌症发病率与离水塔较远的居民进行比较，前者明显要低得多。或许我们可以据此推断水塔能够降低癌症发病率。

在这两个例子中，我们都遇到了同样的问题。如果使用数据去编造理论（少年棒球联合会球场会导致癌症，水塔则会降低癌症发病率），数据肯定会支持理论。否则将会怎样呢？我们难道会发明一个与数据不符的理论吗？当然不会。

如果我们仅仅研究那些用于编造理论的数据，就无法准确地验证一项理论。我们需要大量随机的新数据。巧合带来的相关性是均值回归效应的一种极端例子，因为如果用新数据检验理论，那些机缘巧合的观察结果将会灰飞烟灭。

在其他国家进行的相关研究没有发现 EMF 值与癌症之间的联系。用啮齿类动物进行的实验发现，即便是很高的 EMF 值，对死亡率、癌症发病率、免疫系统疾病、生育或者畸形发育都不会产生影响。在对比了理论观点和实验证据之间的差异后，美国国家科学院在研究结论中称，电线带来的电磁场并不会对公共健康产生威胁，因此政府没有必要资助后续的相关研究，更不要说切断电线了。一本顶级的医学杂志也对此发表了权威性意见，赞成在这个问题上停止浪费研究资源的决定。

1999 年，《纽约客》刊载了一篇题为"癌症村之谜"的文章，含蓄地反驳了保罗·布罗德的观点。尽管如此，"癌症村"这一概念依然深入人心。网上有政府资助绘制的互动式地图，向人们显示各个社区内人口普查显示的癌症患者分布情况。每年会有数百万美元的资金投入到地图的维护工作上，地图中的数据虽然总是及时更新，却可能是错误的。

一家互动式网站提供了涵盖 300 多个县、5 个种族、4 个年龄层和两个性别的人口中 22 种癌症的死亡率。在这数百万种可能的相关性中，一些结果确实让人十分恐惧。

为了消除这种恐惧，美国疾病预防控制中心（CDC）建立了一个网站，人们可以在此报告他们发现的癌症村。即便 CDC 警告说"后续可能会展开调查，但是需要花费数年的时间完成，结果也大体上是模棱两可的（也就是说通常会一无所获）"，每年还是会有 1000 多个癌症村案例上报，政府会据此启动调查。

安慰剂效应

即便某些疗法毫无医学价值，很多人依然愿意相信医药的力量，并且对疗效做出过度反应。在某些情况下，接受无效疗法的患者确实会有明显的改善。然而，在另一些情况下，效果是模棱两可的，患者可能会说"我的头疼消失了""我的背感觉好了很多"，但我们并不清楚这是否仅仅是心理作用。此时，我们很难将安慰剂效应与测量误差或自愈导致的均值回归效应区分开来。

例如，在我们站立、行走、奔跑、跳跃和舞蹈时，膝关节一直在支撑整个身体，时间久了，膝关节会渐渐因为拉伸、收紧或者软骨的松弛而变得脆弱。最常见的疗法是关节镜手术，这种手术每年都会有几十万例。医生首先会在患者的膝盖上切开两个口子，一个用于放入小型的纤维光学照相机，另一个用于探入微型手术器械。接下来，医生会清除膝盖上的碎片，然后修复、清洁和整理其他部位。患者花上 5000 美元就能消除病痛——至少理论上如此。

几十年来，关节镜手术一直没有可比较的对象。患者们做完手术后，都说自己感觉好多了。可是，他们的膝盖真的得到改善了吗？也许这只是安慰剂效应。可能只是因为他们希望手术起作用，并且愿意信任医生和医疗手段，也可能仅仅是因为他们觉得应该报喜不报忧。

要确定手术是否发挥了作用，我们可以进行一项对比实验，受试者是随机挑选的患者。他们中的一部分人接受了关节镜手术，其余人则没有。实验面临着一个似乎无法克服的困难：做了手术和没做手术可能会影响患者对感觉的判断。

为了解决这个问题，20世纪90年代开展的一项针对180名老兵的实验采取了特别的策略。医生在对照组受试者的膝盖上开了两个浅浅的切口，假装做了手术。这些患者并不知道自己参与了实验，未来两年内负责评估老兵状况的医生也不知情。研究的结论是，与那些接受"假手术"的患者相比，真正接受关节镜手术的患者并没有感觉到病痛减轻，膝关节功能也并没有得到改善。

2002年，上述实验结果发表在了《新英格兰医学杂志》上，另一项研究（6年后发表于同一杂志）证实，与那些仅仅接受常规治疗及物理疗法的对照组患者相比，骨关节炎患者在接受了膝关节镜手术和常规治疗以及物理疗法之后，他们的病痛和关节的僵直程度并没有得到明显的缓解，膝盖的生理功能也没有明显的恢复。现在，许多医生都会建议患者放弃手术治疗。

类似的情况在胃冷冻疗法上也有所体现。它曾经是胃溃疡的经典疗法，但如今医学界已不再信任它。胃溃疡会给患者带来巨大的痛楚，医生们曾经通过切断胃酸供应来治疗胃溃疡。一位别出心裁的医生认为，既然冰可以用于缓解膝关节扭伤造成的痛苦，那么应该也可以通过冰冻使胃变得麻木从而减少痛苦。然而，医生不可能要求患者吞下一打冰块，这种做法既痛苦又没有效率，而且无法确保冰块一直与溃疡部位接触。因此，他们采用了一个蠢办法：将一个气球塞进患者的肚子里，然后将超低温液体注入气球中。

这种疗法虽然不及外科手术效果持久，但开销更少，风险更低。20世纪50年代的统计数据显示，这种奇特的疗法效果显著，能够缓解腹痛、胃酸分泌过多等症状。美国医学协会的会刊登载了这些医疗成果，此后的几年内，胃冷冻疗法被普遍用于治疗胃溃疡。

事实上，因为没有与胃冷冻相比较的疗法，我们并不能确定它是否真的有效果，这一点与关节镜手术类似。可能存在的问题中包括安慰剂效应，同时，当被问及疗效时，患者也往往倾向于给出乐观的回答。因此，很有必要进行对比实验。实验随机挑选了两组患者，一组采用超低温液体治疗，另一组则采用与体温相同的液体治疗，当然，患者们对此一无所知。

实验结果出人意料。接受冷冻疗法的患者中，有34%的患者反馈其症状有所改善；接受体温疗法的患者中，有38%的患者也有相同的反馈。因此，冷冻疗法的所谓疗效实际上只是一种"安慰剂效应"。后续的研究证实，胃冷冻并没有效果，医生们也因此弃用了这一疗法。

实验组，对照组

测量错误、人体的自愈功能、安慰剂效应以及报喜不报忧的心态，所有这些因素叠加在一起，使得我们无法确定一种医学疗法是否有效。如果我们能够亲眼观察那些没有接受上述疗法的患者，将理论上和实际出现的情况进行对比，问题将迎刃而解。

一项正规的研究应该包括接受目标疗法的实验组和没有接受目标疗法的对照组。在实验中，对照组会获得一种看起来与目标疗法类似但没有医学价值的安慰剂。在维生素C的研究中，对照组服用的药片在外形和味道上都类似于维生素C，但成分主要是对身体没有影响的物质。

膝盖关节镜手术实验和胃冷冻实验也遵照了这一原则。在另一个例子中，一个实验小组招募了548名自认为特别容易感冒的大学生，在他们身上试用了一种用于治疗普通感冒的疫苗。半数受试者（实验组）注射了目标疫苗，另一半受试者（即对照组）只是注射了生理盐水。实验组反馈的结果是，与去年相比，73%的受试者患感冒的概率明显下降；但在对照组中，63%的受试者也反馈了同样的结果。实验进行的时间并不是感冒的高发季节，疫苗带来的心理安慰也或许起到了一定效果。学生们报告自己的患病概率下降，也许是因为他们认为这是实验人员想要听到的结果。

如果没有对照组，实验人员很可能会认为，这个疫苗创造了奇迹。有对照组进行对比，他们才确定该疫苗并没有什么效果。实验人员还收到了几位医生的来信，他们使用疫苗的效果与实验结果大同小异，对照组的重要性由此凸显出来。"我有一个患者使用过这个疫苗，效果很好，他想继续注射。你们能告诉我疫苗的名称吗？"实验人员检查实验记录时经常发现，对疫苗感觉良好的患者实际上注射的是生理盐水。更为重要的是，患者们是随机被分配到实验组和对照组的。如果我们仅仅对比平时服用维生素 C 和不服用维生素 C 的受试对象，得出的结果可能有失偏颇，因为这两种人群的生活习惯不同。例如，前者可能更关注自身健康，因此他们可能定期锻炼，保持健康的饮食习惯。事实上，真正有疗效的是个人生活习惯，而非维生素 C。

上述偏差还发生在测试 BCG 疫苗是否可以减少肺结核死亡率的实验中。一部分有肺结核家族病史的儿童注射了上述疫苗，另一部分有同样家族病史的儿童则没有注射，这取决于家长是否同意。在接下来的 6 年里，未注射疫苗的儿童中有 3.3% 死于肺结核，而注射了疫苗的儿童中有 0.67% 死于肺结核。从这一点来看，疫苗显然减少了 80% 的死亡率。

然而，在第二次实验中，受试者仅限于经家长同意可以注射疫苗的儿童。半数受试者注射了疫苗，剩下的则没有。这一次，实验组和对照组的死亡率并没有区别。第一次研究出现的偏差主要基于"家长同意"和"家长不同意"之间的习惯差别。可能"家长不同意"组的家庭生活方式更容易导致致命的肺结核。因此，随机抽样是必须的，这样得出的实验结果才不会受到受试对象自身选择的影响。

另一个例子是 1971 年进行的一项研究，该研究发现，患有膀胱癌的人比未患膀胱癌的人更喜欢喝咖啡，因此得出结论：咖啡导致了膀胱癌。然而，另一个具有混淆性的事实是，喜欢喝咖啡的人往往有吸烟的习惯。那么，究竟是咖啡还是香烟导致了膀胱癌呢？

医生们不能在实验中强迫随机挑选的受试对象喝咖啡，同时却不允许其余的人喝。然而，他们能够使用统计方法来说明吸烟的混淆性影响。事实上，他们可以观察那些吸烟量相同，但饮用咖啡量不同的人，以及咖啡饮用量相同，但吸烟量不同的人。

1993 年，一项包含 35 个研究对象的严格分析将矛头指向了香烟，排除了咖啡的嫌疑。在咖啡摄取量相同的受试者中，吸烟的人更容易得膀胱癌。最终结论是，在戒烟之后，并没有证据显示男性或女性患下尿道癌的概率会增加。2001 年的一项研究证实，烟草会导致患膀胱癌的概率增加，咖啡却没有这种作用，但喝咖啡的吸烟者患膀胱癌的概率却比不喝咖啡的吸烟者低。也就是说，咖啡似乎能够部分抵消烟草的副作用。

双盲实验

当研究者清楚地知道实验正在进行，以及实验结果是什么时，就会因此受到影响，因为人们都希望新疗法能够有预期的疗效。为了鼓励受试对象及研究人员如实报告结果，精心设计的实验会采用双盲形式：只有等到所有数据收集完毕，受试对象和实验人员才能知道谁属于实验组，谁属于对照组。

实验心理学高级课程中的一项著名实验很好地展示了实验人员是如何被他们的期待左右的。实验组织者给了 12 名学生每人 5 只老鼠，用于迷宫测试。其中的 6 名学生被告知，他们的老鼠是过去在迷宫测试中的优胜者的后代，因此会表现出色；其余 6 名学生则被告知他们的老鼠不擅长迷宫测试。事实上，老鼠的品种是一样的，都是随机抽选的普通老鼠，并没有所谓的优良基因。学生们花了 5 天时间，每天让受试老鼠在迷宫里跑 10 次。那些所谓擅长迷宫测试的老鼠每天都能获得更高的分数，并且分数会随着时间的推移而增长。结果似乎显示，"聪明的老鼠"比"笨老鼠"有更强的学习能力，但事实上，实验人员只是在自欺欺人。

　　本节中的例子揭示了，当我们对运气在生活中扮演的角色一知半解时，就会在没病的时候觉得自己有病，在治疗根本没有效果时看到治愈的可能。为了减少这种混淆，双盲测试便成了医学测试的黄金准则，在实验中，受试对象将被随机分配到实验组和对照组。但在下一节中，我们将会解释，即便如此，均值回归效应仍然可以欺骗我们。

锡标准

判断一项医学疗法是否真正有效的黄金准则是，实验中必须包含随机的对照组。

1. 除了接受治疗的实验组之外，还有一个使用安慰剂的对照组。这样一来，我们就可以对比接受疗法的受试对象与没有接受疗法的受试对象之间的异同，而无需担心实验结果受到安慰剂效应或者人体自愈功能的影响。

2. 受试对象被随机分配到实验组和对照组，所以我们不必担心接受治疗的受试对象与没有接受治疗的受试对象会在生活习惯上有区别。

3. 测试采用双盲形式，因此，实验人员不会因为知道谁在实验组或对照组而进行差别对待。研究结束后，统计分析师会继续跟进，分析随机情况下两组之间的实际差别是否与观察结果一致。多数实验人员认为，如果在随机情况下，实验组和对照组之间出现实际差别的可能性低于5%，这种可能性才具有统计学意义。

不幸的是，即便采取了上述预防措施，在医学实验中依然存在着诸多偏差。

我们都知道止痛剂的效果因人而异，大多数医学实验也是如此，没有百分百有效或者百分百无效的实验。如果一项医学实验的效果非常温和，不同的受试者出现了不同反应，那么它的结果将取决于被随机分配到实验组和对照组的对象，以及在实验中被忽视的其他因素。

假设某种疾病在不采取治疗手段的情况下，10%的患者会因为自愈能力而显著好转。如果针对这种疾病的实验疗法并没有疗效，但是在偶然的情况下，实验组中可能碰巧包含上述10%能够自愈的患者，对照组中可能碰巧包含另外90%不能自愈的患者，这样一来，这种没有疗效的疗法却似乎能够创造奇迹。

现在，我们不妨来看一项证实疗法有效的实验，它显示20%的患者病情都得到了显著改善。其中的实验组可能碰巧有80%的患者无法从该疗法中受益，而对照组也可能碰巧包含那些具有自愈能力的患者。因此，该疗法似乎起到了反作用，对照组的患者逐渐恢复健康，而实验组的患者反而没有多大起色。但是，受试的样本容量越多，我们就越不会被各种巧合误导。这就如同把一枚硬币抛两次，可能每次都是背面朝上；但如果抛1000次，背面朝上的概率可能就接近50%。可惜，很多医学实验的样本容量都很小，甚至某些大型医学实验的结果也具有误导性。

统计学上的一个分水岭是5%。这也就意味着，如果某个实验疗法没有价值，那么它仅有5%的可能性起到积极效果。同时也意味着，在所有没有价值的疗法中，有5%的效果具有统计学意义。

如果研究人员追求的目标是名利与资金，那么他们可能会测试大量疗法，以此获得所谓具有统计学意义的结果。即便他们的研究方向一错再错，测试的疗法也仅限于一些没有价值的补救措施，他们仍然可以相信，在100个糟糕的疗法中，总有5个能够脱颖而出，而这5个疗法就足够他们用来发表文章以及获得相关许可了。

制药公司能够从那些在临床上"被证实"有效的疗法中获得大量利润。他们往往会对数千个疗法进行实验，以确保其中的某些疗法（具体是哪些并不重要）得到背书。总会有一些毫无价值的疗法在机缘巧合的情况下达到所有的统计学标准。如果一项疗法已经得到批准，并且带来了数百万美元的利润，那么制药公司往往没有动力重新启动测试，独立研究人员也是如此。毕竟，如果继续跟进，检验这些疗法是否有效，甚至可能会令大众对其疗效产生怀疑，这对制药公司和研究人员又有什么好处呢？

一项疗法如果看上去有效，但实际并非如此，那它便是一个错误正量。错误负量也同样存在，例如一项有效的疗法并没有显示出统计学意义上的重要性。一项实验有 5% 的可能存在错误正量，也就是说，在该实验中发现实验组和对照组之间存在具有统计学意义的差别的可能性为 5%。简单来说，错误负量的存在概率是 10%，也就是说，一项有效的疗法有 10% 的可能无法显示出统计学意义上的重要性。

如果错误正量出现的概率仅有 5%，错误负量出现的概率有 10%，那么我们似乎每次都能够将有效和无效的疗法区分开来。但实际情况并非如此，结果取决于真正有效的疗法数量。

如果在实验的疗法中，10% 有效，90% 无效，那么在每 10000 项实验疗法中，有 100 项是有效的；这 100 项疗法中的 90 项将具有统计学重要性，另外的 10 项仅仅是错误负量。在 9900 项无效的实验疗法中，有 495 项将具有统计学重要性，属于错误正量。整体上来说，有 585 项实验疗法具有统计学意义上的重要性，但其中只有 90 项真正有效。令人惊讶的是，在所有"被证实"有效的疗法中，85% 的疗法实际上并没有价值。

与这种悖论相关的是"条件性概率"困惑，例如，英超足球联赛中的运动员 100% 都是男性，但是效力于英超足球联赛的男性只有联赛总人数的 1%。现在，在所有有效的疗法中，90% 呈现出了统计学重要性；在所有呈现出统计学重要性的疗法中，只有 15% 的疗法真正有效。

假定 10% 的实验疗法是有效的，这种假设似乎过于宽泛。研究人员非常急切地想要找到治愈某种疾病的方法，因此，他们可能为了一项有效的疗法，而去测试 99 项无效的疗法。可是，图 42 的计算方式显示，所有被证明有效的疗法中，有98%是无效的。基于上述计算方式，约翰·伊奥尼迪斯（在希腊约阿尼纳大学、马萨诸塞州塔夫茨大学医学院及加州斯坦福大学医学院均担任教职）发表了一篇著名的论文，题目极具煽动性——《为什么大多数已公布的研究发现都是错误的》。

伊奥尼迪斯医生一直都在警告医生和大众，不要轻信那些经不起可靠

图 42
所有被证实有效的疗法中，85% 的疗法是无效的

	重要	不重要	总计
有效疗法	90	10	100
无效疗法	495	9405	9900
总计	585	9915	10000

验证的医学实验结果。他的这篇论文采用了表 1 的计算方式，除此之外，他还列出了已经得到认可但实际无效的疗法。

在一项研究中，他分析了 1990 年到 2003 年发表的最受推崇的 45 项医学发现。针对其中的 34 个案例，他尝试着通过更大容量的样本验证原始实验结果。最终，原始结果在其中的 20 个案例中得到确认，占全部 34 个案例的 59%；有 7 个案例效果不如预测的好；还有 7 个案例没有疗效。整体而言，45 个实验中，只有 20 个实验结果得到确认。要知道，这些都是获得最广泛肯定的研究成果。至于在级别更低的杂志上发表的数千个研究成果，情况更加不容乐观。

伊奥尼迪斯医生粗略地预估了一下，在已发表的医学研究成果中，90% 都存在缺陷。即使后续的研究推翻了之前的结果，但它们所谓的疗效已经给人们留下了深刻的印象，会导致医生失去警惕，继续推荐这些并不可靠的疗法。

漏斗图

随机抽样的结果本质上取决于运气。假设一项特定的疗法会对 10% 的人群产生良好的疗效，那么在任意随机的样本中，从该疗法中受惠的人群比例都有可能大于或小于 10%。在一个由 10 人组成的实验小组中，只有一个人能够从疗法中真正受益的概率为 35%，没有人受益的概率为 35%，超过一个人受益的概率为 26%。这意味着在大量以 10 人为单位的研究中，35% 的研究结论是该疗法完全无效，26% 的研究则会高估疗法的实际效果。

对于一项研究来说，高估或低估疗效的概率取决于样本的容量。随着样本容量的扩大，研究结果的变化逐渐减少。如图 43（漏斗图）所示。在这个假设的案例中，对照组中有 10% 的受试对象会报告自己的治疗效果良好，这往往是因为安慰剂效应或者自愈能力发挥了作用。

图 43
样本数量对于实验结果范围的影响

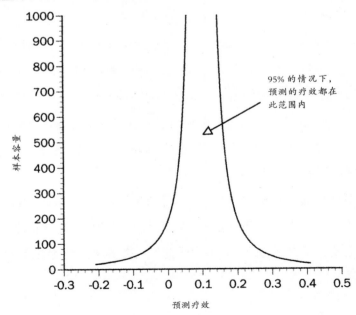

与此形成鲜明对比的是，实验组中有 20% 的受试对象会报告自己经过治疗后，病情有了实质性的改善。治疗方法的介入，使得病情改善的患者数量增长了 10%，这是一个可喜的成绩。

横轴显示的是任意个体研究中预计的疗效。病情有所改善的人数占总体的 10%。然而，个体研究的结果可能会夸大或缩小某种疗法的效果，因为随机抽样向来具有不确定性。

纵轴上显示的是样本总数。一个容量为 100 人的样本分布如下：50 人在对照组，50 人在实验组。漏斗的两边代表研究对象，其中 95% 的研究预计会失败。举例来说，一个容量为 50 的样本，预期疗效有 95% 的可能性介于 -4%（比对照组低 4%）到 24%（比对照组高 24%）之间。漏斗的形状显示，随着样本容量的扩大，样本之间的差异将会降低。即便是一个容量为 1000 人的样本，它的预期疗效也将有 95% 的可能性介于 6% 到 14% 之间。

为了说明这种差异性及其与样本容量的关系，我列出了 100 个模拟实验，样本容量从 20 到 100 不等。图 44 的点显示的是这些实验的预计疗效。正如预期的那样，预计疗效大致在 10% 左右对称分布，容量越小的样本差异性越大。在这 100 个模拟实验中，有 4 个恰好在漏斗之外，和我预期的差不多。

图 43 是理论假设，让我们再来看看实践的结果。1993 年发表的一篇文章总结了 10 项通过静脉注射镁治疗严重心脏病的随机实验。从总体上来看，实验组注射了镁的患者死亡率为 6.2%，而对照组没有注射镁的患者死亡率为 9.9%。很显然，注射镁将严重心脏病的死亡率降低了近 40%。在所有存活下来的患者中，心率不齐的比率也下降了 1/3（从 11.3% 下降到 7.6%）。作者的结论是："这些数据显示，在严重心脏病发作时，患者注射镁之后，死亡率和再次发病率均显著下降。"

这项研究的一位合作者是入选了加拿大医学名人堂的著名心脏病专家

图 44
100 个确认漏斗模型的模拟研究

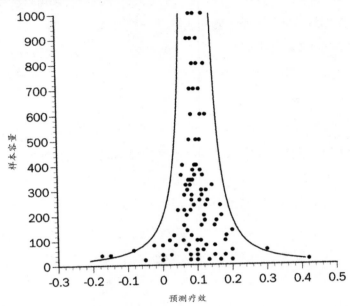

萨利姆·尤素福。他曾经在高端医学杂志上发表过 800 多篇文章，还在 2011 年成为引用率第二高的医学专家。他的意见必定很有影响力。

图 45 显示的是 10 项被具体分析的实验结果。横轴代表的是实验组患者与对照组患者存活率的差别。例如，实验组的死亡率为 6% 时，对照组的死亡率为 10%，这意味着存活率有 4% 的上升。图 46 显示的是心率不齐的统计结果。

在这些图中，最令人惊讶的地方在于漏斗图左侧的缺失。如果我们将一项大型实验的结果视为合理的疗效预估值（死亡率为 2%，心率不齐发生率为 1%），那么小型实验的结果应该平均分布于其两侧。但是，在 9 项小型实验中，有 7 项的结果大于（甚至大部分是远远大于）大型实验的结果。

对于上述结果，最可能的解释莫过于发表偏倚。很多研究人员都会对

图 45

注射镁的患者与控制组之间的死亡率差异

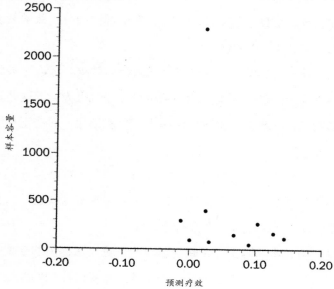

图 46

注射镁的患者与控制组之间心律不齐患病率的差异

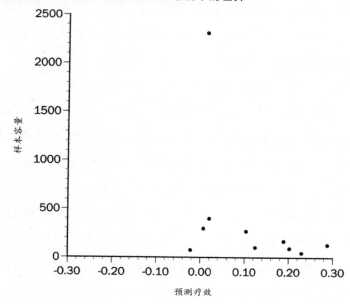

某项疗法进行实验，即便该疗法没有效果，一些实验结果也会碰巧表现出统计学重要性。还有一种情况是，实验人员可能测试了成百上千种疗法，却只报告了那些具有统计学重要性的疗法。无论哪种情况，医学杂志往往都更愿意发表具有统计学重要性的疗法。

如果一项实验发现某种疗法疗效甚微或者没有效果，那么它被医学杂志发表的概率将大大降低。这类实验的结果往往差异极大，而这些差异对小型实验的影响很大。小型实验更可能得出积极的结果，而这正是医学杂志和医生们所寻求的东西。

这种将9项小型实验与一项大型实验合并在一起的做法极具误导性，因为前者无疑受到了发表偏倚的影响。如果把未报告的实验也纳入其中进行分析，那么整体的预估疗效或许会有所降低。

讽刺的是，由尤素福博士等人联合撰写的评论文章得出的结论却是："一些医生可能会认为大型实验的说服力不够，不足以让他们改变一贯的做法。然而，有了整体数据的支持，大型实验的结论却变得更有说服力了。"

尤素福博士承认，小型实验对于他的结论至关重要，但是他忽略了发表偏倚带来的误导性。事实上，大型实验得出的预估结果认为，镁对心脏病的疗效是非常微弱的，而这个结果可能是最准确的。

在接下来的几年里，几项更小型的研究结果陆续发表，再一次证明了镁的疗效（但这同样受到了发表偏倚的干扰）。2002年，一项大型实验进入公众实验阶段，这项实验测试了6213名患者，发现无论在整个样本群中，还是在几个子样本群中，镁都没有显示出疗效。作者因此得出结论："就目前的证据而言，在现行的冠状动脉日常护理中，并没有注射镁的必要。"

著名的Cochrane协作网（一个国际性的非营利性民间医疗保健学术团体）发布了一项独立调查结果，认为"镁不可能减少死亡率"，甚至还会导致严重的后遗症。一些医生对此感到困惑：如果镁事实上没有确切的疗效，为什么这些小型实验得出了如此多的具有统计学意义的结果？

一位医生写道："镁的疗效来自巧合的概率很低。"他的结论是，大型实验和小型实验的结果之间的差异与注射的剂量、患者的年龄有关（虽然实验本身已经将剂量与年龄考虑在内）。

上述观点只是少数人的意见。现在，大多数研究人员相信，小型实验可以显示出实际上并不存在的疗效，而能够显示疗效的实验更容易被发表。如今，漏斗图被用于调查那些未被发表的研究结果。有人甚至开发了一些程序来解释这些被忽视的研究。

然而，问题依然存在。在关于镁的实验中，没有发现疗效或者发现疗效甚微的大型实验揭露了发表偏倚的弊端。但是，假设只有 9 项小型实验，而没有大型实验，如图 47 所示，那么将无法证明发表偏倚的存在，疗效显而易见。在多数医学研究中，只有一部分研究（通常是小型实验）因发

图 47
无发表偏倚的迹象

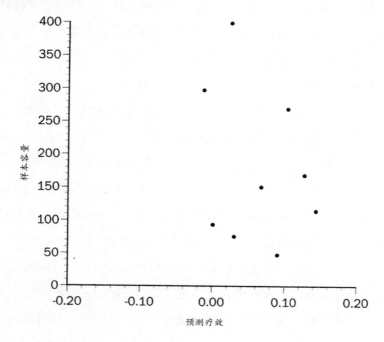

表偏倚而无法确定报告的结果是否具有误导性。

因为发表偏倚，一些疗法并不如报告上描述的那样有疗效。小型实验的结果变数最大，也最容易夸大研究结果。但是如果有许多小型实验，且都发布了实验结果，那么便不存在偏差。我们可以平均分配测试对象，使一项大型实验得出没有偏差的数据结果。但问题是，如果我们只看到了得出积极结果的研究，便会高估疗法的效果。当这些疗法被用于治疗患者时，结果却倒退到了平均值。

搜寻数据

统计学测试假设，研究实验如果基于定义清晰的理论，那么就会收集合适的数据去测试这些理论。但是有些人则采取另一套办法：把每一种可以测试的理论都测试一遍，无论它们有没有道理，然后为那些具有统计学意义的理论编一套原理来自圆其说。对于这种做法，这些研究者不仅丝毫不感到内疚，甚至加以鼓励。

杰出的社会心理学者达里尔·贝姆曾经这样写道：

"传统观点认为，在研究过程中，我们首先应当从某个理论中推出一系列假设，设计并且开始一项研究去测试这些假设，然后分析数据以确定这些假设是否得到证实，最后在学术论文里把上述事项按照顺序叙述一遍。但实际上，很多实验并不是这样进行的。心理学比这刺激得多。"

他继续写道："从每个角度检验数据，分析不同的性别组，制定新的成分指标。如果一项数据暗示了一个新的假设，就尝试从所有数据中进一步寻找能够证实这个假设的数据。如果察觉到有什么蛛丝马迹指向有趣的行为模式，就试图重新整理数据，使上述迹象更为明显一些。如果你不喜欢报告反常结果的参与者、试次、观察者或访谈者，就暂时把它们搁在一边，看看是否有任何一致的模式出现，继续深挖一些有趣的东西。"

通过上述方法，贝姆能够找到证据证实一些非同寻常的理论。例如，在一篇题为"感受未来"的文章中，贝姆认为："当色情图片随机出现在电脑屏幕上时，受试对象能够提前猜到位置，准确率达到了53%，不管这些图片出现在屏幕的左边还是右边。"

在实验中，贝姆测试了5张不同的图片，突出了其中具有统计学重要性的那张。

刊登上述文章的杂志第二年又发表了一篇题为"修正过去"的文章，由来自4所大学的4位教授共同撰写。他们指出，有7项实验试图验证贝姆的实验结果，也就是试图证明人类可以感知未来，但是并没有发现可以支持这一理论的证据。

医学实验中也出现了同样的问题。如果一项疗法不能在所有样本范围内都具有统计学重要性，那么就将数据按照性别、种族、年龄进行分类，看看它是否对某个类别有效。如果某项疗法对一开始测试的疾病无效，那么就看看它是否对其他疾病有效。对于值得探究的问题，实验者总能在数据中发现一定的规律，即便在随机生成的数字中也有迹可循，但实验者无疑需要睁大眼睛。经济学家罗纳德·科斯曾经戏谑地调侃道："只要你把数据虐得够惨，它们总会招供的。"

我要再来一杯

20 世纪 80 年代，哈佛公共卫生学院主席、著名学者布赖恩·麦克马洪率领的团队发现了咖啡摄取量与胰腺癌之间的"重要联系"。这项研究成果发表在世界最顶级的医学杂志之一——《新英格兰医学杂志》上，并且在全国范围内发行。哈佛团队建议，停止摄取咖啡将大大减少患胰腺癌的概率。对此，麦克马洪身体力行，在研究项目开始前，他每天喝3杯咖啡；在项目结束后，他便不再喝咖啡了。

但事实上存在这样一个问题：麦克马洪开展这项研究的初衷是他认为酒精或烟草与胰腺癌之间可能存在着关联性，于是他测试了酒精、香烟、雪茄和烟叶。一无所获时，他便继续寻找其他可能的受试对象。他接下来测试了茶和咖啡，终于发现了一些蛛丝马迹可以支持他最初的假设：胰腺癌患者通常会摄入更多的咖啡。

我们假设现在有6项独立的测试，每项测试中包含的因素都与胰腺癌无关，但是其中至少有一项测试能够得出具有5%统计学意义的、能够显示出与胰腺癌的关联性的结果。出现这种结果的可能性有26%，也就是说，我们有26%的概率能够"无中生有"。

麦克马洪的研究还存在另一个缺陷。他对比了因胰腺癌住院的患者以及因其他疾病住院的患者，这些患者都接受过同一位医生的治疗。问题在于，这些医生通常是肠胃病专家，有肠胃问题的患者往往在他们的建议下早就戒掉了咖啡，以免加重病情。可是，胰腺癌患者却没有得到这样的建议，因此可以继续饮用咖啡。事实上，并不是咖啡导致了胰腺癌，而是没有患胰腺癌的人因为其他疾病而停止了饮用咖啡。

后续的研究，包括由麦克马洪团队进行的实验都无法验证最初的实验结果。这次他们的结论是：与早先的研究形成鲜明对比的是，我们没有观察到胰腺癌有任何可能发生在饮用咖啡的男性或者女性身上。美国癌症学会也对此表示赞同："最新的科学实验并没有发现咖啡与胰腺癌、乳腺癌或者其他癌症之间存在关联。"后续研究不仅没有证实麦克马洪最初的研究结果，反而显示出饮用咖啡会减少罹患胰腺癌的风险——至少对于男性而言如此。

远程治疗

　　20 世纪 90 年代，一位富有前瞻性的年轻医生伊丽莎白·塔格就远程治疗是否可以治愈艾滋病展开了研究。20 位艾滋病晚期患者被随机分配到两组，其中 10 位患者可以从距离他们平均 1500 英里的所谓治疗者那里获得祈祷。这项为期 6 个月的研究采用双盲形式，无论是患者还是医生都不知道哪些患者获得了祈祷（只有治疗者知道他们在为谁祈祷）。最终，20 位患者中有 4 位去世（意料之中的死亡率），但是没有一位属于祈祷组。

　　在上述结果的激励下，塔格又花费了 6 个月时间进行了另一项实验。她将 40 位艾滋病患者分成两个双盲小组。祈祷组的患者由 40 名富有经验的远程治疗者负责（包括佛教徒、基督教徒、犹太教徒及萨满教徒），治疗者们轮流对患者施展他们创造奇迹的手段。研究发现，祈祷组的患者住院时间更短，并发症的发病率更低。这些结果都具有统计学重要性，因此被发表在一份著名的医学杂志上。

　　塔格因为这项发现以及对科学精益求精的态度一夜成名。她的作品被大量引用，以证明上帝的存在，以及传统的身心观念和时空观念的缺陷。塔格并没有思考这种远程治疗为什么能够奏效，她只是知道它奏效了，仅此而已。

　　她还进行了另一项更大型的实验，调查了远程治疗是否能够使脑癌患者的恶性肿瘤缩小，美国国立卫生研究院（NIH）因此给予她 150 万美元的奖励。不久之后，塔格自己被诊断出患有脑癌。尽管全世界都在为她祷告，赋予了她无穷的治愈能量，但 4 个月后她还是去世了。

　　在她去世之后，人们发现她的实验中存在诸多问题。在机缘巧合的情况下，她最初进行的实验将最年长的 4 位患者放在了无祈祷组。这 4 位患者最后都去世了，但仅仅是因为他们的年龄太大，与是否得到祷告没有任何关系。这个例子充分暴露了小型实验的弱点。如果样本容量足够大，对照组与实验组之间出现巨大差异的可能性将更小。

塔格的第二项实验（共包含 40 位患者）原计划对祈祷组与非祈祷组的死亡率进行比较。然而，在这项为期 6 个月的实验启动一个月后，"三重鸡尾酒疗法"又开始风靡，40 位患者中仅有一位去世了。实验结果虽然显示出三重鸡尾酒疗法的有效性，但无法显示出祈祷的有效性。

塔格和她的同事弗雷德·希切尔又转向比较物理症状、生活质量、情绪评分及 CP4+ 数值，而在这些方面，祈祷组与非祈祷组之间没有区别。塔格的父亲曾经尝试通过实验证明人们具有超能力，可以看到不可见的物体，读懂别人的内心，通过意念移动物体。他让女儿继续这样的研究。要知道，如果你相信某个东西，那么对你而言，与之相反的证据并不重要，你只会一味地从数据中寻找证据来支持这一点。最终，她发现了一些东西。

在此之后，塔格和希切尔分析了一篇列举了艾滋病的 23 种相关疾病的论文，试图发现祈祷组和非祈祷组之间在这些疾病上存在的差异。但不幸的是，这些疾病的数据在双盲测试中并没有被记录下来。塔格和希切尔仔细查阅了受试对象的医学记录，并且收集了这部分数据，但是在这个过程中，他们明确地知道哪些患者属于对照组，那些患者属于实验组。最后，他们的结论是：在某些疾病上，祈祷组比非祈祷组的情况要好。

他们发表的文章认为，实验本身的目的就是调查这些与艾滋病相关的疾病，但并没有说明这些疾病的数据是在实验结束后收集的，这违背了双盲测试的原则。一位评论家在看完实验结果后说，如果他知道实验过程的真实情况，他很可能会给出不同的评价。

塔格去世后，NIH 的研究继续了下去，但并没有在死亡率、相关疾病或者症状的发病率等方面发现祈祷组与非祈祷组之间存在显著差别。此后，哈佛医学院又主持了一项更大型的研究，受试对象为 1800 名冠状动脉旁路移植手术后逐渐恢复的患者。这些患者被随机分配到 3 组中：第一组患者被告知他们将要得到远程祷告，并且事实上确实得到了远程祷告；第二组患者被告知他们可能会得到远程祷告，而事实上也确实得到了远程祷告；第三组患者被告知他们可能会得到远程祷告，但事实上并没有。在祈祷组与非祈祷组之间并没有出现结果上的差异，但令人诧异的是，与第二、三组患者相比，第一组患者更容易患上并发症，这是否仅仅是反常的安慰剂效应？

不幸的是，一些已发表的医学研究在重要数据上存在较大的疏漏，除非我们能够在大量理论测试中忽略这些偶然情况，才能避免被误导。但偏偏有人会制造出大量理论去解释这些偶然情况。

事实上，在均值回归效应的作用下，这些偏差都会在随后的实验中消失。这种情况在医学实验中极其普遍，甚至有一个专门的名字，叫做"递减效应"。当实验出现了递减效应时，一些研究者会感到非常困惑，然后开始徒劳地寻找一个随意的解释，却从未意识到这是均值回归带来的必然结果——如果最初的积极结果源于运气，那么接下来出现令人失望的结果也就没什么好惊讶的了。

杂质太多，精华太少

医学实验发现并证实了胰岛素和天花疫苗等创造奇迹的治疗方法。但是，当前社会中存在的问题是，太多优秀的研究者和太多有价值的资源都集中在那些存在根本缺陷的研究中。

此外，医生们经常让患者"不必担心"，这种前后矛盾的态度让人十分恼怒，医学实验的可信度也因此被削弱。医生们建议 40 岁以上的女性每年接受一到两次乳房 X 光检查，但现在我们却被告知 X 光对人体弊大于利。医生们每年都会开出成千上万份抗抑郁药物"百优解"的处方，但现在医学界却告诉我们，百优解可能只是一种安慰剂。咖啡和巧克力过去被认为是对人体有害的东西，但现在的说法却完全反了过来。

很多情况下，"医生开药"意味着他们会一直开某种药，直到开对为止。医生们不断告诉我们"不必担心"，这是因为最初的实验就是有缺陷的。

VII 商业

平庸的胜利

讽刺的是，统计学中最著名的回归错误是经济学家，甚至是诺贝尔奖获得者制造出来的。直到现在，他们仍然在不停地制造出类似的错误，而且这种错误似乎永远不会消失。回归错误的出现最初可以追溯到 20 世纪 30 年代。在大萧条时期，西北大学著名的经济学教授霍勒斯·西克里斯特发表了他十年磨一剑的代表作——《商业中平庸者的胜利》。这本书长达 468 页，包含 140 个表格和 103 张图片，展现了作者付出的巨大努力，同时也证明了他得出的重要结论。

西克里斯特及其助理花费了 10 年时间收集并分析了 73 个不同行业的数据，包括百货商店、服装店、五金店、铁路及银行。他汇编了 1920 年到 1930 年间的重要商业年度数据，包括零售业利润率、资产利润、零售业支出和资产支出。他根据 20 世纪 20 年代的具体数据将一个行业的公司分为 4 个梯队：排名前 25%，排名 25% ~ 50%，排名 50% ~ 75%，以及最后的 25%。

对于在 1920 年排名前 25% 的那些公司，他计算出了它们 1920 年到 1930 年每年的上述数据的平均值。对于另外 3 个梯队的公司，他也进行了同样的计算。几乎在每个案例中，1920 年排名前两个梯队的公司的计算结果都和 1930 年的平均值几乎相同；1920 年排名后两个梯队的公司的计算结果也都近似于 1930 年的平均值。

他发现了一个具有普遍性的经济学现象，那就是美国经济正集体走向平庸。因此，他将自己的著作命名为《商业中平庸者的胜利》。他的结论如下：

"贸易的完全自由及持续的竞争，意味着永恒的平庸。一家公司之所以和某家新公司合作，往往是因为不合时宜的判断、商业敏感和诚信。而新公司总是任由没有原则的、愚蠢的、极具误导性以及没有判断力的经营者摆布，这就导致了零售业店面狭小、效率低下、业务量不足、支出过高以及利润过低。只要某一商业领域中没有障碍，它便是平庸的；只要竞争是自由的并且在上述限度之内，它也是平庸的；更高或者更低的状态都不会存在。"

平庸成为了法则。国家的经济问题显然源自他发现的新经济原则：竞争压力不可避免地让高级才能无处发挥作用。显而易见的出路就是保护那些更高级的公司，避免它们与那些不尽如人意的公司竞争。在发表这部著作之前，西克里斯特咨询了 38 名卓越的统计专家和经济学家，听取了他们的评论和批评意见。他们显然毫无保留地提出了意见。著作发表后，西克里斯特的优秀同僚们最初都给予了一致好评：

"这本书充分地诠释了统计研究如何被用于将经济理论转化为经济法则，将定性科学转化为定量科学。"

——《政治经济》

"作者的结论是，在一个互相依存的商业结构中，竞争主体之间的互动确保了'平庸的胜利'。解决这一问题的方法本质上是科学的。"

——《美国经济评论》

> "研究结果向商人和经济学家们呈现出了一个持久的、某种程度上具有悲剧性的问题。"
>
> ——《美国政治社会学会年刊》

数学和经济学大师哈罗德·霍特林则毫不客气地发表了一篇评论，礼貌但犀利地指出："西克里斯特浪费了 10 年的时间，最后什么都没有证明，他所谓的著名理论，仅仅是均值回归效应的误导。"

在任何特定的年份中，无论是和其他公司相比，还是就自身实力而言，最成功的公司往往更有可能是因为碰到了好运气而表现出色，而最不成功的公司恰恰相反。这就是为什么第一梯队、第二梯队公司的后续表现总是与普通公司的表现相近。同时，在极端的情况下，当它们运气差而其他公司运气好时，它们的位置就会被取代。

这些波动都是正常的，并不意味着所有的公司终将走向平庸。

正如平均成功率中的数据所揭示的那样，任意一个年份中，最优秀的和最差的公司在下一年都会更接近平均值，但这并不意味着每家公司都只能得到平庸的成绩。

为了说明商业中的这些自然波动，我虚构了一个包含 100 家公司的行业，然后计算出利润中的资产回报率。和平均水平相比，一些公司获得了更高的利润，但每家公司的利润率比起平均利润率来说总是忽高忽低。我随机生成了每家公司在 1920 年的利润率，还用同样的方法得到了 1930 年的数据。按照西克里斯特的理论，我根据 1920 年各家公司的利润将它们分为 4 个梯队。图 48 显示的是 1920 年各家公司的平均利润率以及 4 个梯队在 1930 年的平均利润率。例如，在 1920 年处于第一梯队的公司当年的平均利润率为 48%，到了 1930 年这一数字则为 39%。这些公司的利润下降是因为它们在 1920 年的运气更好。

基于图 48 的数据，图 49 更直观地显示出，1920 年每个梯队公司的

图 48

平均利润率，根据 1920 年利润划分的 4 个梯队

	1920（%）	1930（%）
第一梯队（1920）	48.0	39.0
第二梯队（1920）	34.6	32.3
第三梯队（1920）	25.4	27.6
第四梯队（1920）	12.0	21.0

图 49

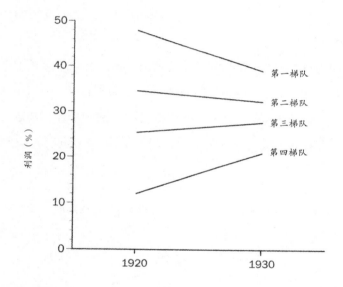

利润率都更接近于 1930 年的平均值。

　　正如反常的父母通常会生出比他们正常一些的小孩，反之亦然。无论时间是前进还是倒退，利润总是会趋向于一个平均值。我采用同样的方法生成了 1910 年各家公司的利润。图 50 显示，在 1920 年位于前两个梯队的公司的利润不仅接近于 1930 年的平均值，同样也接近于 1910 年的平均值。后两个梯队的情况也是如此。图 50 显示了 1920 年各家公司利润（依据利润情况被划分为 4 个梯队）在时间轴的前后方向朝平均值靠近的趋势。

　　我假设每家公司在 1910 年、1920 年、1930 年这三个时间节点的盈

图 50

平均利润率，基于 1930 年利润划分的 4 个梯队

	1910（%）	1920（%）
第一梯队（1930）	39.0	48.0
第二梯队（1930）	32.3	34.6
第三梯队（1930）	27.7	25.4
第四梯队（1930）	21.0	12.0

利能力都是相同的，但现实情况是，公司的经营水平会随着时间推移不断提高。我之所以这样假设，是为了展示，即便所有公司的盈利能力都保持不变，利润依然会趋同。

　　1910 年和 1930 年的均值回归现象反映出，利润的数值总是上下波动的。但是如果我们把公司分成不同的梯队，那么只能证明，在 1920 年，它们要么运气极佳，要么运气极差。就像霍特林所说的那样："这些图表仅仅证明了利润率总是倾向于在某个数值附近徘徊。"而花费 10 年的时

图 51

根据 1920 年利润划分的 4 个梯队在 1910 年和 1930 年都走向趋同

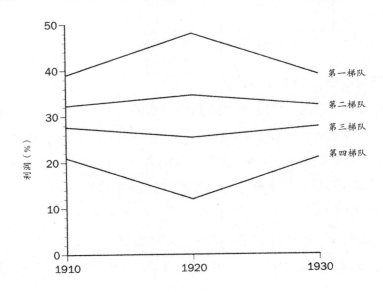

间对这些数据进行研究则是浪费。

均值回归效应并不意味着每家公司在不久之后将会变得同样平庸，或者每个人都将处于同一水平。这种回归仅仅反映出，如果用有瑕疵的方式去衡量一个从前未被观察到的特质，那么往往会夸大该特质与平均水平的差距。

之前，我使用的都是假设的数据，那么真实的数据是怎样的呢？我计算了1990年到2010年之间的某个时间点上，道琼斯工业平均指数名册上的28家公司的利润率，同时获取了这些公司在1990年、2000年和2010年的利润。因为经济状况的起伏，这三个年份的平均利润率存在差异，分别为6.6%、8.1%及6.2%，因此我计算了每家公司的利润率与当年平均利润率的差值。根据2000年的数据，我把这些公司分成了4个梯队，并计算出了它们在三个年份的利润差。

图52显示，正如图50中的假设数据一样，所有公司的利润在2000

图52

根据2000年的数据，将28家道琼斯指数公司划分为4个梯队

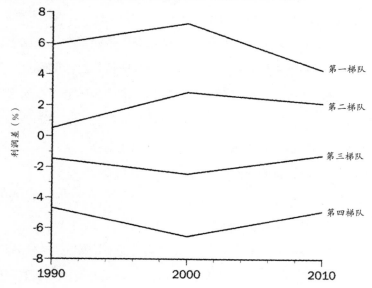

年（即划分梯队的基准年份）前后走向趋同。

传统的错误会消失吗？

虽然霍特林清楚地指明了西克里斯特的错误，但这个错误却一直在延续。1970 年，一位杰出的政治经济学家这样写道："1933 年，西北大学商业研究处曾经出版过一部由西克里斯特撰写的专著。这部早期经验主义著作已经彻底被遗忘了，但是它有一个重要的标题——'商业中平庸者的胜利'，这个标题表明了这本书的主题。它用相近的数据结果向人们解释，就平均水平而言，在一段时间内，最初表现良好的公司将逐渐衰落，最初表现一般的公司将不断进步。"

作者可能并不清楚，西克里斯特的结论并没有什么影响力。他虽然读了西克里斯特的书，却忽略了霍特林的评论。与此类似的是，商学院教授兼高产作者马克·赫西这样写道："有经验的投资者深知，在一个高利润、高增长的行业内，竞争者准入门槛将使超出正常水平的利润趋于平均水平。反之，在一个衰退的行业中，公司的破产和退出将使整个行业低于正常水平的利润逐渐上升到平均水平。"按照西克里斯特和赫西的观点，某家公司如果在某个年份表现出色，那么它一定是一家出色的公司；如果下一年它的表现下滑了，肯定是因为某种原因削弱了它的实力，例如新竞争者的出现。有经验的投资者可能很难相信，表现出色的那一年仅仅是因为公司更加幸运。但是，错误的理论似乎有种令人难以抗拒的吸引力。

奇怪的是，赫西承认一家公司的成功可能受到运气的影响，却没有考虑该公司后期的糟糕表现可能同样是运气在作祟。

在经济学现象中，我们经常可以观察到，随着时间的推移，商业利润往往会愈发趋近平均值。经济学理论将这种现象视为竞争环境的一个典型特征。

市场价格上升或者成本下降这些突如其来的好运导致了超出正常水平的利润，进而催化了新的竞争。

这样的理论并不鲜见。许多博识的观察者曾经撰文评论过这种均值回归的现象，但他们都忽略了运气的作用，而寄希望于给出一个经济学解释。最常见的解释是：竞争者们会对某些公司的发展感到眼红，继而迎头赶上，瓜分利润；而那些表现平平的公司会改变其一贯的做法，并取得进步。在一部CFA（特许金融分析师的简称）考试必读书目中，罗伯特·豪根这样写道：

"就增长率而言，那些迅速回归到平均水平的公司会报告每一份股利，因为（挣扎在生死边缘的）公司更倾向于重组以改造自身，或者被接管然后被迫采取同样的措施，因为快速增长的公司会面对急于分一杯羹的外来竞争者。"

诺贝尔经济学奖获得者威廉·夏普所著的一本投资教材中这样写道："经济力量将最终导致不同公司的利润和增长率的趋同。"为了证明这一结论，他研究了1966年利润增长率最高和最低的公司。14年后，也就是1980年，两组公司的利润率都接近于平均值。他因此自豪地得出了这样的结论："趋向平均值是一种显而易见的现象，并且无疑是真实的。"像50年前的西克里斯特一样，他并没有考虑到，这种趋同可能仅仅是统计学上的回归现象而已。

几年后，另外两位杰出的金融学教授（其中一位是诺贝尔经济学奖获得者）犯下了同样的错误。在《商业期刊》的开篇文章中，尤金·法玛和肯尼思·弗伦奇描述了收入数据的回归现象。同样，他们也将其原因完全归结为竞争。

在竞争环境中，这种利润率的均值回归现象在行业内外都很普遍。总是会出现一些新的公司，模仿那些创造过超高利润的产品和技术。而利润较低的公司或许由于失败的预期或其他公司的接管，能够更好地利用现有资产。

这些随意的解释可能有些道理，但它们无疑是以偏概全。这些证据和西克里斯特的证据一样，毫无说服力，因为它们完全忽略了纯粹的统计学原因，即相对高收入的公司也可能只是因为运气更好。

总体而言，经营良好的公司比经营不善的公司更赚钱。事实的确如此，但也不能忽略运气的作用。新资源和新技术的发现，带来了比预期更成功的产品、竞争者偶尔引发的麻烦以及诉讼的输赢等等。在任意的特定年份中，总会有资产回报率高的公司同时拥有更好的运气，这也意味着它们这一年的资产回报可能高于前一年或者下一年。

增长率趋同

为什么有些国家繁荣，有些国家衰退？这是经济学中最基本的问题之一。传统观念认为，一个国家的财富应该根据其金属或贵金属的储藏量来衡量，而亚当·斯密写于 1776 年的《国富论》推翻了这一观念。斯密认为，一个国家的财富取决于国民的生产力以及他们运用自身才能生产货物、提供服务、自由贸易的能力。一个国家繁荣的原因在于人们能够发挥自己最大的能力，并且用自己的产品去交换他们想要的东西。

重商主义的观点认为，一个国家应当利用关税来阻止国民购买他国的商品，因为进口会减少本国的黄金储备。斯密对此尤为反对。他认为，蜡烛生产者和服装生产者可以从贸易中互相受益，这种观点放之四海而皆准。因此，无论是强迫一个家庭穿自己粗制滥造的衣服，还是强迫一个国家放弃购买香蕉和咖啡等不适宜在本国生长的作物，都是没有道理的。

《国富论》写于工业革命早期，为这一空前的经济增长提供了理论基础。但是，即便在今天，一些国家——甚至是那些自然资源极为丰富的国家——仍然非常贫穷。在工业化国家，人均收入往往达到数万美元（澳大利亚4万美元，法国3万美元）。在发展中国家，人均收入仅有几千美元，甚至低于1000美元（尼日利亚2000美元，萨尔瓦多500美元）。这些差距并不是一夜之间出现的，而是几十年来经济增长率差异不断累积造成的结果。

1870年，英国的人均收入为1800美元，美国为1400美元（英国高30%）。100年后的1970年，英国的人均收入为7000美元，美国则为11000美元（美国高60%）。在这100年间，美国的年经济增长率为2.1%，英国则为1.4%。这一差距看似微小，但复利将其无限放大。所以，贫富差距的问题根本上起源于经济增长率。为什么有些国家几十年甚至几个世纪以来一直比其他国家经济增长快？没人知道原因，但是经济增长率有一个不变的特质。是的，这就是均值回归效应。

"佩恩表"是一个记录了167个国家的国内生产总值（GDP）的数据库，最早的记录甚至可以追溯到1950年。数据库里包含了143个国家从1970年到2010年的经济数据。我将这40年的记录分为两组，第一组为1970年到1990年，第二组为1990年到2010年。随后，我计算了第一组中每个国家人均生产总值的年增长率，然后将其分为4个梯队。第一梯队的国家平均年增长率为4.8%，第四梯队则为−1.6%。我又计算了接下来的20年（1990年到2010年）内，第一梯队的平均年增长率。图53显示的是1970年到1990年及1990年到2010年的增长率。

这些数据最令人震惊的特征便是增长率的趋同。1970年到1990年经济增长最快的国家在1990年到2010年却增速缓慢，而1970年到1990年经济增长最慢的国家在1990年到2010年却有更高的增长率。

一些经济学家将这种趋同命名为"中等收入陷阱"，原因在于，高增长率之后总是会出现低增长率，而低增长率之后总是会出现高增长率。一

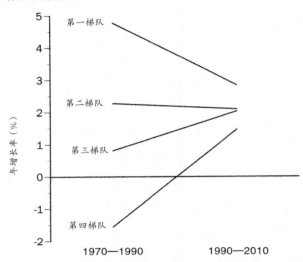

图 53

人均 GDP 增长率的趋同

些国家显然陷入了一种令人沮丧的平庸状态。可能最繁荣的国家变成了肥胖的懒汉，而苦苦挣扎的国家却得到了一股强劲的助推力（在某些案例中，政府的和平过渡或激烈变革也会推动国家发展）。你还可以由此想到其他看上去非常有道理的理论。

有一个更简单的解释。图53与本章之前出现的商业利润图表非常相似，因为趋同仅仅是一种统计学上的回归。

基于1990年到2010年的增长率，我们可以将所有国家划分为4个梯队，从而制造出一种背离平均数的假象。

图54显示出，1990年到2010年增长最快的国家在1970年到1990年却增速放缓。而1990年到2010年增长最慢的国家在1970年到1990年却增长得很快。这正是我们期待的回归现象。

图54的经济增长率与图49的利润率之间有着惊人的相似性，因此，增长率趋同便成为了研究热点，很多优秀的经济学家纷纷发表相关论述，却忽略了回归现象。

图 54

真实人均 GDP 的增长率背离现象

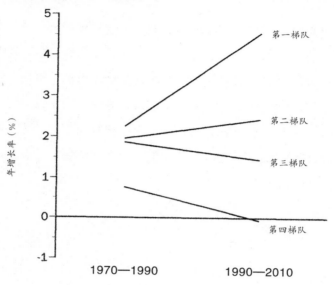

例如，有一本著作和一篇书评（作者均为著名的经济学家）认为，随着时间的推移，各个国家的经济增长率会渐渐趋同，正如我们在图表中看到的那样。他们彻底忽视了回归在这种趋同中扮演的角色。美国经济学家米尔顿·弗里德曼写过一篇题为"传统的错误死了吗"的评论文章。

我惊讶地发现，作为深受业界尊重的经济学家，这些精通现代统计方法的评论者和作者居然没有意识到，他们创造了可怕的回归谬误。然而，即便这种错误已经普遍存在于公众讨论和学术研究中，也不能因此认为它是正确的。

在回归谬误的引导下，人们更倾向于相信，操纵公司和国家的是可预测的经济力量，而非运气。

几十年来，一些国家比其他国家增长更快，但是所有国家的增长率差异较大。这种差异导致了"中等收入陷阱"这种统计学假象。因为当所有国家的增速相同时，它们并没有纷纷走向令人沮丧的平庸。所以，这并不是一个值得研究的问题。相反，为什么一些国家几十年来一直比其他国家增长更快，这个有趣的问题却依然没有答案。

2014 年，哈佛大学肯尼迪政府学院教授兰特·普里切特和经济学家劳伦斯·萨默斯研究了上述问题，结论是：我们依然不知道答案。毫不夸张地讲，除了厨房的洗碗池，经济学家已经研究了一切事物，但是"几乎所有就经济增长的原因提出的结论都会遭到质疑，因为它们在后来的研究中总是站不住脚"。所以，你不应该对那些一次又一次经受住考验的理论感到惊讶，因为我们能亲眼见识它——"就各国的经济增长率而言，均值回归可能是唯一一个站得住脚的事实"。

从"糟糕"到"良好"，从"优秀"到"卓越"

2010 年，我接到了一家互联网公司（我称它为 WhatWorks）打来的电话。这家公司的主业是帮助其他公司测试网页设计是否有吸引力。例如，他们可能为客户的网页测试 4 种不同的设计，其中包括当前的网页和另外 3 种备选网页。WhatWorks 的测试流程是这样的：当用户浏览客户的网站时，一个随机的导向设置会将用户引导至 4 个网页中的任意一个版本，WhatWorks 会记录用户点击页面广告生成的利润，几天后统计出哪个版本的网页能够吸引更多利润。

这个测试设计得相当周全，因为它充分利用了随机抽样。然而，WhatWorks 存在一个反复出现且无法解释的问题：推荐的网页设计方案在实际使用中的效果总体上不如测试中观察到的结果。例如，假设 WhatWorks 预估更换网页设计方案后将有 5% 的利润增长，但实际上可能只有 2% 的增长。

这无疑又是一种均值回归现象。对于每个网页而言，利润的变化都完全取决于运气，取决于谁在浏览网页、用户当时的感受以及其他因素。由于这些条件都是随机的，因此，测试中得分最高的网页设计方案带来的实际利润可能更接近于平均值，而非测试的结果。

测试本身并没有问题，推荐的网页设计方案依然是最成功的。客户（以及 WhatWorks）只是需要认识到，利润低于预估值是再自然不过的事情。

明白了均值回归这一现象之后，WhatWorks 的数据专家杰克和自己的同事开了个玩笑。

杰克汇报称，他已经发现了 3000 个浏览率很低的网站。他告诉同事们，当他双击任何碰巧出现在网页左上角的图像时，当天的浏览率就会平均增长 800%。他因此得出了这样的结论："实验结果清楚显示，双击图像将会重新设置该域名并释放出它的真正潜力。我将继续观察，因为效果似乎已经在减退，所以可能需要一个阶段性的调整。我们可以雇佣一个临时工，每几周查看一下网页情况。如果你想亲自验证这个奇迹般的结果，域名名单如下……"

你大概不知道，杰克的一些同事真的尝试了。有一个人汇报称："好吧，我让临时工每两周处理一下。"另一个则很好奇："左上角的图像究竟是什么？为什么它能够点击？我不认为这是设计中的一个普遍特征，听上去像是一个漏洞，但是我无法按照描述复制它。"

杰克最后承认自己是在开玩笑。他并没有双击过任何图像，只是收集了一堆毫无人气的网站，并且相信均值回归效应能够让他的恶作剧奏效。如果一个网站十分糟糕，那么它更有可能发挥失常，而非超水平发挥，这也就意味着如果它的表现有了提升，那么只会出于一个原因：它原先的低水平表现是由人为因素导致的。

网页的例子表现出的是一个更具普遍性的道理。有时候，一家公司因业务急剧下滑而高薪引入了管理咨询人员，试图扭转局面。咨询师四处转了转，提出了一些建议，然后公司便奇迹般地起死回生了。

上面的例子无疑是杰克的玩笑的放大版。一个公司表现糟糕，往往是因为运气不好。它的实际能力超过目前的糟糕水平，因此未来更有可能逆势而上，无论公司是否雇用了咨询师，或者咨询师的建议是否有效，公司业绩都将增长。

咨询师也不是在任何情况下都没有价值。然而，商业咨询与被无效疗法治愈的短期疾病十分类似。我们需要认识到，商业活动中的一些不可避免的起伏可能会制造出一种错觉，让人误以为其中存在某种问题，并且存在相应的解决方法。事实上，两者都不存在。在医药领域，如果将自然的变化和统计学上的回归效应纳入考虑范围，那么在测试某种疗法时，就可以使用随机取样的实验方式。然而，在商业领域却不存在此类现象。

一些CEO（首席执行官）对管理咨询师往往青睐有加，我相信这是因为咨询师能够掩护管理层，让他们做自己一直想做的事。咨询师就像是坏警察，而职业经理人则是好警察。

甚至就连一些咨询师都对管理咨询持怀疑态度。在一篇2006年发表在《大西洋月刊》上的文章中，马修·斯图尔德讨论了所谓的"管理层神话"。他指出，在公司管理层中通常有一种错误的观点，那就是认为咨询师可以采用一系列连贯的管理手段来挽救公司。

作为一家拥有600名员工的咨询公司的主管和联合创始人，我面试、雇用过数百名商学院学生，和他们并肩作战。我对MBA（工商管理硕士）的印象是：

"你需要花费两年时间，负债累累，仅仅是为了学习如何在板着一张脸的同时将'创造性思维''双赢局面'和'核心竞争力'挂在嘴边。"

我并不清楚特定的管理咨询师的水平有多高，但是我知道，我们不能在不考虑均值回归的情况下，判断他们的有效性。

当管理层发生变化时，情况也是如此。当业务下滑时，换掉一名经理之后，整体业绩往往会提升，无论新上任的经理是否能够带来改变。而当业绩良好时，雇佣一名新的经理之后，业绩却可能有所回落。

在用输赢衡量成败的体育界，这种现象无疑是最明显的。在约翰·伍登执教加利福尼亚大学洛杉矶分校（UCLA）男子篮球队的最后12个赛季，他带队取得了 10 个全国冠军，其中包括一个惊人的七连冠。他的继任者怎么可能达到同样的高度呢？但是，如果伍登再待 5 年，他的表现也可能大不如前。

伍登在自传中提到，当最后一个赛季结束，他获得了第十个冠军头衔时，一位 UCLA 的粉丝对正在离开球场的他这样说道："这是一场伟大的胜利，教练，你弥补了我们去年的遗憾。"这位球迷显然并不了解赢得全国冠军是一件多么困难的事情。

基恩·巴托接替了伍登，并带领球队在接下来的两年内赢得了 85.2% 的比赛，作为对比，伍登的胜率也仅有 80.8%。但是，巴托没能带领 UCLA 获得全国冠军，因此，他很快就被加里·坎宁汉姆取代了。后者带领球队在两个赛季内达到了 86.2% 的胜率，但同样没有拿到全国冠军，因此黯然下课。

种种现实证明，换掉一个失败者总是比换掉一个传奇人物要容易得多（想想杰克·韦尔奇、华特·迪斯尼和山姆·沃尔顿吧）。

要超过那些已经取得巨大成功的人总是很困难，而要超过一个总是表现不好的人却非常容易。因为，按照统计学上的回归效应，巨大的成功之后便难以书写同样的辉煌，巨大的失败之后失败却总会好转。

这种回归效应导致人们总是喜欢做出改变。蒸蒸日上的组织更倾向于保持原样，但是它们的表现总体上会向下回归，从而促使它们做出改变。每况愈下的组织更有可能做出改变，它们的表现总体上会向上回归，从而证明改变是有价值的。

因此，人们普遍认为，满足于现状似乎是致命的，而改变本身就是一种进步。这么看来，均值回归再一次愚弄了人类。

从"优秀"到"卓越"

忽视商业表现中的运气成分还会带来另一个不幸的后果。不管我们以什么标准衡量成功（无论是销量、利润还是股票收益），每个公司总会出现大起大落。因此，业绩表现只是一种有瑕疵的衡量标准，并且极易受到均值回归效应的影响。

如果一位研究者将表现极佳的公司汇编成一份名单，并且试图寻找它们之间的共性，认为是这些共性促成了它们的良好业绩，那么他就已经误入歧途了。无论是差公司、好公司，还是顶级公司，都不可避免地拥有一些共同特征。找到这些特征并无任何建设性意义，我们无法确定它们能否解释过去的成功，或者预测未来的辉煌（它们真正的共性是好运气，但运气无法保证未来的成功）。

医学研究者反复挖掘数据，商业研究者也在数据中苦苦寻找有趣而令人惊喜的模式。他们就像玩数独游戏或者破解一桩谋杀案一样，从每个角度仔细地检查数据，试图找到有趣的东西。

这种研究方法被称为数据挖掘（又叫数据搜寻、数据疏浚、钓鱼式搜寻），仅仅展示了研究者的毅力。我们不能确定一项马拉松式的数据挖掘过程证明的，究竟是某一"实用理论"的真实性，还是研究者的决心。要知道，没有理论支持的数据是不可信的，所以，我们应该对此表示深深的怀疑。

许多管理类著作对所谓的"好公司名单"进行了地毯式挖掘，然后宣称已经发现了这些公司的成功秘诀。2001 年，吉姆·柯林斯出版了他的畅销管理著作《从优秀到卓越》。这本书的销量已经超过 400 万册，一直停留在管理类书籍畅销榜上。

柯林斯说，他的著作给出了"我们一直都在寻找的适用于任何组织的、永恒而普遍的答案"。他的结论是："我们相信，几乎任何组织都可以实质性地提高它的地位和表现，甚至跨入顶级公司的行列，前提是它们能够有意识地将我们发现的理论付诸实践。"

柯林斯和他的团队花了 5 年时间，研究了过去 40 年的股市行情走势，观察了 1435 家公司，最后发现，有 11 只股票高于市场整体表现，并且在跻身顶级公司行列后仍然继续上升：雅培、金佰利、必能宝、电路城、克罗格、沃尔格林、房利美、纽柯钢铁、富国银行、吉列、菲利普·莫里斯。

柯林斯仔细研究了这 11 家顶级公司之后，发现了它们的 5 个共同特征。他给这些特征都贴上了看起来颇具吸引力的标签。

1. 五级领导：谦和但能够非常专业地带领公司走向成功的领导层。

2. 首先是谁，然后是什么：雇用正确的员工比制定一项好的商业计划更重要。

3. 正视惨淡的现实：好的决策应该将所有事实都考虑在内。

4. 刺猬概念：精通于一项业务而不是蜻蜓点水般地全面铺开。

5. 打造公司的远景：改造操作模式和运营策略，但不要放弃公司的核心价值。

这些特征看上去非常有道理，名字也很好记。但问题在于，这是一个回顾性的研究，其可信度已经被数据挖掘这一模式削弱。柯林斯这样写道：

"通过从数据中直接进行经验推理，我们创造出了这本书中的所有概念。我们的项目并不存在需要测试或证实的理论前提。我们选择基于手头的证据，从无到有地构建一个理论。"

柯林斯显然认为，这一声明让他的研究看上去颇为专业和中立。他并没有编造任何东西，只是根据数据得出了所有结论。

事实上，柯林斯承认，他并不清楚为什么一些公司比其他公司表现更好，同时对"从数据中得出结论"这一方法的弊端有充分的了解。当我们回顾那些所谓的好公司与差公司时，总能从中发现一些共性。例如，柯林斯挑选的这 11 家公司的名字里都有字母 i 或者 r，还有几家公司的名字里同时包含 i 和 r。难道一家公司从"优秀"走向"卓越"的秘诀就是名字里带有 i 或者 r 吗？当然不是。这种结论是从数据倒推结果的典型例子。

因为柯林斯的发现看上去非常有道理，所以数据挖掘的弊端并没有那么明显。但数据挖掘毕竟是数据挖掘，连柯林斯自己都承认，他的理论是在研究数据之后编造出来的。

为了证明其理论的统计学合理性，柯林斯与科罗拉多大学的两位教授进行了交流。一位教授说："你的理论架构中的那些概念不可能是随机出现的。"另一位教授讲得更为具体，他反问道："怎么可能碰巧发现 11 家都具有这些原始特征的公司呢？在直接比较实验中明明什么都没有发现。"他认为，这种概率小于一千七百万分之一。柯林斯因此得出了这样的结论："我们不可能恰好找到 11 家公司，而这些公司刚好又具有从优秀到卓越的特质。因此，我们可以自信地说，一家公司之所以能够从优秀公司跻身顶尖公司的行列，与我们发现的特性是息息相关的。"

上面提到的一千七百万分之一的概率是怎么计算出来的，我们就不得而知了（我联系了那位教授，他声称自己不记得了）。我们唯一能够确定的是，这个理论是不正确的。

在统计学中，这种理论有时候被称为"费曼陷阱"（因诺贝尔物理学奖获得者理查德·费曼而得名）。费曼在加州理工学院任职时，曾让他的学生计算，当他走出教室后，看到停车场上的第一辆车的车牌号是 8NSR26 的概率是多少。加州理工的学生都非常聪明，他们假定每个数字和字母都是独立的，然后很快计算出概率小于一千七百分之一。当他们完成计算后，费曼揭晓了答案：他在去上课的路上已经看到了这辆车，因此概率是 1。有些看起来极不可能的事情如果实际已经发生了，那么它就是可能的。

科罗拉多大学的教授以及加州理工学院的学生都通过计算做出了假设，而他们研究的公司所具有的 5 个特征和那辆汽车的车牌号都是特定的。事实上并非如此，他们的计算是不相关的。

柯林斯并没有提供任何证据证明他所描述的 5 个特征造就了这些公司的成功。如果要证明这些，他必须为这些特征提供理论上的正当性，并提前挑选那些拥有或者没有这些特征的公司，根据事先确立的一系列标准评价它们取得的成功。但这些工作他都没有做过。

《从优秀到卓越》出版之后，书中提到的 11 家公司有些走向了平庸，有些甚至一落千丈。2001 年，房利美的股价还在 80 美元以上，2008 年已经跌到了 1 美元以下，2010 年甚至退市了。2009 年，电路城也破产了。这 11 家伟大的公司中，有 5 家在股市上的表现变得更加出色，其余 6 家则大不如前。这本书出版后不久，这 11 家公司的总体表现与市场水平相比，确实逊色了不少。

寻找幸运

20 年前，另一本商业畅销书采用了非常相似的做法，也带来了一模一样的问题。麦肯锡咨询师汤姆·彼得斯和罗伯特·沃特曼对几家成功的公司进行了研究，在与其他麦肯锡咨询师交流之后，他们给出了一份含有 62 家顶尖公司的榜单。

为了让分析看上去更加科学，他们采用了 6 个指标，用来衡量公司的长期成功。其中的 3 个指标与增长率有关，另外 3 个用来衡量资本和资产回报。能够停留在榜单上的公司必须于 1961 年到 1980 年在其所属的行业中有 4 ~ 6 个指标排名前 50%。然后，他们让行业专家为这些公司 20 年来的创新纪录评分。最后，榜单中剩余的 43 家公司里，有 35 家是公开交易的公司，还有 8 家是私有化公司或者其他公司的分支。

彼得斯和沃特曼与这些公司的经理进行了交谈，阅读了与这些公司有关的报道，最终发现了它们的 8 个共同特征，例如偏爱行动和亲近消费者。

他们合著了一本书——《追求卓越》，然而这本书充其量只是研究者自身努力的记录。本质上，它也是一个回顾性研究，其可信度被数据挖掘严重削弱了。没有任何方法能够确认，一个行动派的公司是否会比其他公司更加成功，或者那些有着辉煌过去的公司在未来能否再创佳绩。

后来，一家金融机构的高管米歇尔·克莱曼重新参观了这些公司，并对比了这本书出版的前后5年里，它们在长期成功指标方面的表现。他发现，该书出版后，每个类别下超过三分之二的公司都开始走下坡路。它们并不是因为受到了《追求卓越》的诅咒，而是因为它们之前的出色表现有相当大的运气成分。

克莱曼也提到，这些公司如今的糟糕表现可能是因为统计学上的均值回归效应，但是他对回归效应的理解却是错误的。

她认为，随着时间的推移，潜在的经济力量会使得新的竞争者进入颇具吸引力的市场，鼓励参与者离开低回报率的领域。因此，公司的业绩表现会逐渐回归到平均值。但事实上，均值回归效应是源于市场的随机浮动，并非经济力量。

在随后的实验中，克莱曼研究了该书出版后12年的数据，证实了她最初的结论。除此之外，她还关注了该书出版前统计的36家在6个成功指标方面表现最差的公司。在该书出版后的12年里，这些公司的表现都有了一定的提升。她的结论是："就整体而言，好公司变差了，而差公司却变好了。"她也提到了均值回归效应，却进行了错误的解读：

"有一种自然现象，叫做均值回归效应，即随着时间的推移，团体中每个成员的财产都会越来越接近于整体的平均值。这一概念广泛适用于经济力量将事物推向均衡状态的情形。"

这种解释不仅忽视了运气的作用，而且在某种程度上非常接近西克里斯特的理论，即所有公司都在走向平庸的均衡状态。而实际上，回归效应并没有假设"经济力量将事物推向均衡状态"。

经济力量可能存在，但均值回归效应是一种纯粹的统计学现象。当观察到的数据与未观察到的数据并不完全相符时，回归效应便会发生。例如，用盈利能力去衡量一家公司有多么伟大。

股票分析师巴里·巴尼斯特重复了克莱曼最初的实验，但时间跨度更长，研究的公司数量也更多。他的实验针对的是 1977 年到 1989 年的数据，每 3 年为一个周期。

巴尼斯特选中的公司有两类，一类是在前 5 年里在 6 项成功指标中排名前 3 的公司，另一类则是倒数前 3 的公司。然后，他比较了这些公司在每个周期里的股市表现，得出的结论是：表现平平的公司总体上会超过表现出色的公司。巴尼斯特重复了克莱曼的解读方式："随着时间的推移，公司的关键财务指标会回归到市场整体的平均值。"

要替这种理论进行辩护非常容易——高回报引来了新的竞争者，拉低了利润；低回报却导致了竞争者的离开，将一些更有利润空间的行业留给了生存下来的公司。

均值回归效应能够有说服力地解释，为什么有着辉煌过去的公司在未来可能走下坡路，然而这一预期却不取决于所谓的经济力量。这并不意味着经济力量是一种神话。我想说的是，我们不能在不考虑均值回归效应的情况下衡量这些经济力量。

从长期来看，到 2013 年，彼得斯和沃特曼挑选的这 35 家公开交易的顶尖公司里，有 5 家已经破产（德纳公司、达美航空、柯达、凯马特、王安电脑）。整体而言，从这本书出版后到 2012 年，书中的 15 家优秀企业的股票行情高于市场整体水平，另外 20 家则不尽如人意。

前文提到的商业建议在读者中一直热度不减，这是因为作者和读者都没有意识到，这些书本质上是有缺陷的。此类问题在其他题材的书籍中也屡见不鲜，例如，"商业成功的秘诀 / 秘密 / 方法""怎样维持长久的婚姻""如何活到 100 岁"等等，它们本质上都是基于对商业成功、婚姻和长寿者生活方式的回顾性研究。

如果我们相信行动派更容易成功，那么不妨找出那些行动派公司和非行动派公司，看看未来 10 年谁的表现更好。这个方法同样适用于测试所谓"成功婚姻"和"长寿生活"的秘诀。

事实上，我们总是回顾过去，而非展望未来，这让我们很可能受到均值回归效应的愚弄。

创意审计

一项针对美国数百家公司财务报表的研究发现，随着时间的推移，6 项财务比率（例如销售额与库存的比率、收入与整体资产的比率）都会向着行业的平均水平靠拢。于是，作者推测，行业平均水平是最终目标。除此之外，当一家公司看到相应的数据与行业平均水平之间存在偏差时，会通过改变自身行为或者使用通用审计规则提供的空间来调整比率。

创意审计并不是机械地通报收入或支出，它的报告存在着一定的层级空间，会通过调整数字得到想要的结果。

有一个笑话描述了一个会计师的面试过程：

上司：2 加 2 等于多少？

会计师：4。

上司：2 加 2 等于多少？

会计师：呃……应该是在 3 到 5 之间吧。

上司：2 加 2 等于多少？

会计师：你到底要我说什么？

上司：你什么时候可以上班？

大多数公司和会计师都是诚实且善意的，因为他们对诉讼、罚款以及刑罚心存畏惧。会计实务的模糊性使得公司有充足的空间向行业目标靠拢，但是我们不必将所有责任都推给创意审计。或许存在一个统计学上的原因，可以解释为什么金融比率最终都将趋向于行业平均水平。

选秀、CEO 和灵魂伴侣

曾经有一段时间，我在一所极其挑剔的大学担任招生委员会主席，因此我非常清楚，录取与否存在着很大的随机因素。许多进入哈佛大学的人曾经被耶鲁大学拒绝，同样，许多敲开耶鲁大门的人却曾经被哈佛拒之门外。我最优秀的一名学生曾经申请了世界上最顶尖的 10 个经济学博士项目，排名第一的项目录取了他，排名第十的项目却拒绝了他。我联系了一个在后者工作的好朋友，告诉了他这件事。他并不惊讶，因为"录取过程中总是存在着各种干扰"。

因为运气在录取过程中扮演着重要的角色，我们可以自信地说，被各所学校精挑细选而录取的学生，就平均水平而言，并不像他们表现的那么好。当然，那些被拒绝的学生也并不像表面上看起来那么差。

大学以外的生活也是如此。当企业在决定是否雇佣一个人时，通常是基于不对称的信息。因此，人事决策中的均值回归效应尤为明显。简历、推荐信、面试提供的信息虽然有用，但并不完整。那些看上去万里挑一的人，可能并非名副其实。

就大多数职业而言，员工期待得到的东西与实际得到的总是存在差异，但我们并没有很好的标准去衡量这种差异。

幸好，在体育界，期待和现实都可以进行量化。

大学橄榄球运动员

大学橄榄球教练的成功，很大程度上取决于能否招募到天才选手。一年一度的招募活动在 1 月的全国签约日迎来高潮，高三学生将在那天得知自己被哪所大学选中，并签署具有约束力的意向书。全国签约日之前的日子则充斥着丑闻与投机。最热门的选手会通过 ESPN 在电视直播签约新闻发布会。看到这样的新闻，一些教练和球迷可谓欣喜若狂，另一些则垂头丧气。

一家网站 Rivals.com 为每名球员评分（5 星为最佳，4 星其次），并建立了一个公信度极高的索引。该索引基于签约球员的数量和质量，对每所大学的招募团队进行评分。在全国签约日的最后阶段，Rivals.com 会公布招募团队中的冠军、亚军和落选者。

杰夫·塞格瑞恩评分系统是目前针对球队实际表现最为权威的衡量体系。它基于每支球队比赛日程的输赢情况和相对实力进行比较和评分。

在研究 Rivals.com 和塞格瑞恩评分系统的关系时，我们需要注意到，学生通常只能在大学里待 4 年，还可能出现受伤退出的情况。球员们可以通过成为大学生选手（红衫选手）打破这一限制。未登记在册的大学生选手会跟着球队一起练习，但不在比赛中出场，由于他们练习时经常穿着红色运动衫，因此被称为红衫选手。"红衫"新人指的是在一年级期间没有参加过比赛的二年级学生，而真正的新人在大学一年级期间应该参加比赛。因此，如果有一名"五年级"的运动员，他虽然在大学里待了 5 年，但因为在一年级时是所谓的红衫新人，所以他的实际参赛时间只有 4 年。

大学生每年都会变得更高大、更强壮，因此资历老的选手比年轻选手更有优势，这才导致了红衫选手的出现。这种现象在橄榄球等运动项目中非常普遍，仅仅一年的训练和体力增长就可能让运动员发生巨大的改变。

图 55 显示的是塞格瑞恩系统在 2008 年的评分，以及 Rivals.com 对 20 所大学 2004 年到 2008 年招募情况的最高平均得分。

招募评分反映出高年级学生总体上比低年级学生对队伍的贡献更大。例如，2004 年招募的选手比 2005 年招募的更为重要。对于 2008 年参赛的队伍而言，2004 年招募的选手自然是成功的关键，远胜于 2008 年招募

图 55

Rivals.com 和塞格瑞恩评分

	得分		排名	
	Rivals.com	塞格瑞恩	招募	表现
南加州大学	2835	94.85	1	2
佛罗里达州立大学	2415	83.18	2	10
路易斯安那州立大学	2171	81.96	3	11
俄克拉荷马大学	2171	94.15	4	3
迈阿密大学	2122	77.42	5	14
佛罗里达大学	2110	98.74	6	1
佐治亚大学	2061	84.81	7	8
密歇根大学	2055	64.28	8	20
田纳西大学	1902	71.95	9	17
俄亥俄大学	1864	84.83	10	7
得克萨斯大学	1860	93.50	11	4
亚拉巴马大学	1568	89.48	12	5
得克萨斯农工大学	1503	65.14	13	19
宾州州立大学	1439	88.26	14	6
奥本大学	1369	71.69	15	18
内布拉斯加大学	1356	80.70	16	12
加利福尼亚大学	1280	83.58	17	9
南卡罗来纳大学	1106	77.06	18	15
圣母大学	1106	73.75	19	16
克莱姆森大学	967	78.87	20	13

的选手。

就平均水平而言，排名前 5 名的队伍要远胜于后 5 名的队伍。但是，前 5 支队伍中有 4 支的表现并不像期待的那么好，相反，后 5 支队伍则超常发挥。这可能是因为招募能力强的教练训练水平较差，反之亦然。但均值回归效应似乎是一个更合理的解释，因为要想预测高中橄榄球选手在进入大学 4 ~ 5 年后的水平非常困难。

评分高的高中生选手更可能被高估，而非低估。因此，最好的和最差的招募队伍的表现可能与招募分数并不相符。

职业体育圈选对人了吗？

那么，职业体育圈的情况是怎样的呢？几百名收入丰厚的球探可以花上 4 年时间观看大学选手们的较量。在美国职业橄榄球大联盟（NFL）中，淡季都会举办一场选秀，届时，各支球队会从大学中精挑细选出他们中意的球员。成绩最差的队伍可以优先挑选球员，他们会根据球探的报告以及选手在大学期间的职业成绩进行深度研究，在可选择范围内挑选出最佳球员。选秀新人们将被邀请到 NFL 的预备军集合地，在接下来的几周里接受相关测验、计时训练和能力测试。

第一轮的选择并不轻松。早早被选中的选手会要求得到一份巨额的合约，球队也因此获得一次崛起的机会——可能不会让它从最差变成最好，但起码会获得一些尊重。在无用的新秀身上浪费资金，可能会搞垮一支球队，而负责选秀的人也会因此被解雇。

那么，那些热门球员最终给球队带来了什么呢？图 56 显示的是 1990 年到 2014 年，每年第一个被选中的选手以及他们的表现。有一些选手确实战绩斐然（如佩顿·曼宁、安德鲁·拉克），但大多数选手的成绩却仅

图 56

美国职业橄榄球大联盟选秀状元

年份	姓名	位置	大学	球队	当年晋升	职业碗
1990	杰夫·乔治	四分卫	伊利诺伊大学	印第安纳波利斯	否	否
1991	拉塞尔·马里兰	防守截锋	迈阿密大学	达拉斯	否	是
1992	斯蒂夫·艾姆特曼	防守截锋	华盛顿大学	印第安纳波利斯	否	否
1993	德鲁·布莱索	四分卫	华盛顿州立大学	新英格兰	否	是
1994	丹·威尔金森	防守截锋	俄亥俄州立大学	辛辛那提	否	否
1995	奇加纳·卡特	跑卫	宾州州立大学	辛辛那提	否	否
1996	凯肖·约翰森	外接手	南加州大学	纽约喷气机	否	是
1997	奥兰多·佩斯	绊锋	俄亥俄州立大学	圣路易斯	否	是
1998	佩顿·曼宁	四分卫	田纳西大学	印第安纳波利斯	否	是
1999	提姆·考驰	四分卫	肯塔基大学	克利夫兰	否	否
2000	考特尼·布朗	防守端锋	宾州州立大学	克利夫兰	否	否
2001	迈克尔·维克	四分卫	弗吉尼亚理工大学	亚特兰大	否	是
2002	大卫·卡尔	四分卫	弗雷斯诺分校	休斯敦	否	否
2003	卡森·帕尔默	四分卫	南加州大学	辛辛那提	否	是
2004	伊莱·曼宁	四分卫	密西西比大学	圣迭戈	否	是
2005	亚历克斯·史密斯	四分卫	犹他大学	旧金山	否	是
2006	马里奥·威廉姆斯	防守端锋	北卡州立大学	休斯敦	否	是
2007	贾马库斯·拉塞尔	四分卫	路易斯安那州立大学	奥克兰	否	否
2008	杰克·朗	绊锋	密歇根大学	迈阿密	否	是
2009	马修·斯坦福	四分卫	佐治亚大学	底特律	否	否
2010	萨姆·布拉德福德	四分卫	俄克拉荷马大学	圣路易斯	是	否
2011	卡姆·牛顿	四分卫	奥本大学	卡罗来纳	是	是
2012	安德鲁·拉克	四分卫	斯坦福大学	印第安纳波利斯	否	是
2013	埃里克·费舍尔	绊锋	中央密歇根大学	堪萨斯城	否	否
2014	杰德维昂·克劳尼	防守端锋	南卡罗来纳大学	休斯敦	否	否

仅接近于平均水平，并非像他们承诺的那样好，还有一些选手的表现则一塌糊涂。对此，粉丝们津津乐道的话题便是：谁是第一个最糟糕的选秀状元？贾马库斯·拉塞尔，斯蒂夫·艾姆特曼，还是提姆·考驰？

如果那些早早被选中的球员在加入 NFL 的第一年就成为了最佳球员，那么他将成为当年的新队员。在 25 名首选新人中，只有 2 名能成为当年的新队员，13 名会在职业生涯的某个阶段入选职业碗（本质上就是全明星赛），另外 12 名则永远没有这样的机会（虽然他们还年轻，未来可能会去职业碗效力）。除了一些极其少见的例外情况，他们的表现并不如那些后来甚至是很晚才被选中的新人。

错判天才

NFL 选秀始于 1982 年。它历时数周，只有被邀请的橄榄球新秀才能参与评选。图 57 显示的是 2000 年选秀中前 7 名四分卫的分数，根据他们被选中的先后顺序排名，从第一个被选中的查德·潘宁顿到第七个被选中的汤姆·布雷迪。最后一行显示的是 1999 年选秀中第一个被选中的四分卫阿基利·史密斯的分数。

如果你想找个笑话，不妨在谷歌上输入"汤姆·布雷迪选秀照片"。当时的布雷迪看上去不像一名橄榄球运动员，而更像一名会计（这里对会计并没有冒犯的意思）。他的皮肤苍白，肌肉一般，肚子很柔软，没有腹肌。

他的 40 码冲刺成绩只有 5.28 秒，24.5 英寸的纵跳成绩在 258 名球员中只能排到第 256 位。最后两名分别是一名 318 磅重的进攻绊锋（成绩为 22.5 英寸）和另一名 338 磅重的进攻绊锋（成绩为 23 英寸）。我 20 岁的时候就能跳出 24.5 英寸的成绩，但我连业余选手都算不上，更不用说职业选手了。

从理论上来说，汤姆·布雷迪似乎并不应该出现在选秀测试中，招募人员们也这样认为。他是第 199 个被选中的选手，位于图 57 中其他 6 名四分卫之后。

图 57

部分四分卫的 NFL 选秀分数

2000 年	高度（英寸）	体重（磅）	40 码冲刺（秒）	纵跳（英寸）	跳远（英寸）
查德·潘宁顿	76	229	4.81	33.5	111
卡瓦尼·卡尔马齐	75	224	4.74	36.5	119
克里斯·莱德曼	75	222	5.37	26.5	98
马可·博尔格	74	208	4.97	/	100
斯培根·温	76	229	4.91	34.0	108
汤姆·布雷迪	77	211	5.28	24.5	99
1999 年					
阿基利·史密斯	75	227	4.66	34.0	114

新英格兰爱国者队并非神通广大到能预知未来。它像其他队伍一样，一次又一次地错过选中布雷迪的机会。当进入第六轮招募时，爱国者队还在争论是选择布雷迪还是选择另一名四分卫提姆·拉提。后来，提姆·拉提在第七轮被旧金山 49 人队选中，之后在联盟待了几年。

在选中布雷迪之后，爱国者队甚至并不清楚他的才能。他们让他担任四分卫第三替补，位列主力四分卫德鲁·布莱索和两名球员之后。在作为正式球员的赛季里，布雷迪只完成了 3 次传球，其中包括一次 6 码的传球。但是因为一系列原因，到赛季结束时，他已经成为了第二顺位的四分卫。

第二个赛季里，布莱索受伤了，布雷迪因此进入了首发阵容。他在前两场比赛中表现平平。如果布莱索可以重新上场的话，布雷迪估计又得回到冷板凳上。但是前者的伤势一直没有痊愈，布雷迪却在比赛中爆发，赢下了剩余 12 场常规赛中的 10 场，帮助爱国者队获得了超级碗冠军，他也因此被提名为 MVP（最有价值球员）。2015 年，他带领爱国者队获得了 4 次超级碗冠军，其中 3 次被提名为超级碗 MVP。2010 年，他成为了 NFL 名人堂委员会选出的全明星赛首发四分卫。仅靠汤姆·布雷迪的选秀分数，我们永远无法预测到这些辉煌的成绩，就像布雷迪自嘲的那样："四分卫通常很少做纵跳。"

图 57 下部显示的是阿基利·史密斯在 1999 年的选秀成绩。根据这些量化标准，史密斯是一位难得的选手，实力远在布雷迪之上。NFL 招募者们也这样认为。在 1999 年的选秀中，史密斯是第三个被选中的球员（探花秀），然而他在 NFL 中的表现却一团糟。他被认为是 NFL 史上最差的新秀之一，但并不是唯一一个被高估的球员。

另一个著名的例子是乔·蒙塔纳。作为进入棒球名人堂的四分卫之一，他曾经 4 次夺得超级碗，得到 3 次超级碗 MVP。他最令人惊讶的地方在于，不管压力有多大，他从不紧张。因此，他被称为"酷哥乔"。

在第 23 届超级碗上，当比赛还剩下 3 分 20 秒的时候，49 人队正位于己方的 8 码线，以 16 比 13 领先辛辛那提猛虎队。此时，赛场上的每个人都十分紧张。忽然，蒙塔纳发现著名喜剧演员约翰·坎迪正站在看台上，于是，他大喊道："那不是约翰·坎迪吗？"这个小插曲顿时让大家明白了，蒙塔纳一点都不紧张。49 人队一口气追到了 92 码，并且在最后 34 秒得到了决定胜负的触地得分。

我们应该如何衡量这种在压力下表现出来的自信呢？实际上，没有人去衡量它。在 1979 年 NFL 选秀前，乔·蒙塔纳和其他四分卫一起接受了 NFL 招募者的测试，结果得到了 6.5 分（分数范围为 1 ~ 9）。来自华盛顿的杰克·汤普森获得了最高分 8 分。

杰克·汤普森是 1979 年选秀的探花秀，同时也是第一个被选中的四分卫。但是，他的 NFL 职业生涯惨不忍睹，被认为是有史以来最差的 20 名新秀之一。而乔·蒙塔纳是第四名被选中的四分卫。在总共 82 名候选新人中，他在第三轮的最后被选中，后来成为了 NFL 历史上最伟大的四分卫之一。

我们无法建立一套标准来衡量出色的四分卫都有哪些共同特质。的确，他们在压力下能够保持冷静，纵观全局，解读防守策略，做出明智的决策；当他们看到对方防守队员的排列形式时，能够在混战中发出信号改变战术；当比赛开始时，他们的面前是一群重达 300 磅、一心想要把他们撞翻的防守者，他们必须决定把球传给谁、什么时候跑动、什么时候把球抛出。他们自始至终都在争取主动。

可是，我们该如何定义这些特质呢？当时，蒙塔纳和布雷迪都是 20 岁出头的小伙子，他们所在的大学球队都非常出色（蒙塔纳在圣母大学，布雷迪在密歇根大学），但是，职业橄榄球招募者无法预测到他们将来会表现得无比出色，甚至能够成为入选名人堂的四分卫。

不仅仅是四分卫选秀中会出现预测上的偏差。2015 年 1 月，一位颇有见地的 ESPN 评论员说，当一支 NFL 队伍和一名上一年成绩极为出色的自由人外接手签约以后，在 85% 的情况下，这名选手的得分会比之前低。评论员认为，这是因为队伍选错了人，他们需要的是四分卫，因为外接手需要能够帮助他们传球的四分卫。他的意见是有道理的，但均值回归效应也是一个正确的解释。第一年里成绩出色的外接手到了第二年成绩就会下滑，无论他有没有换球队。

以上这些例子是选秀法则的例外，还是他们本身就构成了另一种法则？

商学院教授凯德·马塞和理查德·泰勒对 1983 年到 2008 年的 NFL 选秀进行了一项正式的研究。他们计算的结果是，在选秀中，上一名被选中的球员比下一名被选中的球员表现得更好的概率只有 52%（例如，将第一个被选中的四分卫与第二个被选中的四分卫进行比较），差不多等同于抛硬币的概率。但是，球队通常会向那些先被选中的球员支付更多的报酬。

他们的结论是：就平均水平而言，先选中的球员在 NFL 中的表现要优于后选中的球员，但是前者的工资高于其实际价值，两者之间表现上的差异远远小于工资上的差异。不仅如此，那些向下交易（例如，放弃第一顺位的候选新人，转而签下第十四、十五顺位的新人）的球队通常比向上交易的球队表现更好，第十四、十五顺位的新人带来的成绩总会超过第一顺位的新人，而均值回归效应无疑可以解释这些现象。在大学中的表现数据、招募报告以及选秀分数都无法决定球员在 NFL 中的表现，因为 NFL 中的球队要比他们在大学中遇到的队伍强大得多。那些看上去出类拔萃的大学生球员在 NFL 中的表现通常只是接近于平均水平而已。

马塞和泰勒的结论是，第一个被选中的球员（选秀状元）是诅咒而非福利。这些球员在 NFL 中的表现并没有超出平均水平，因此，在他们身上付出的成本是不值当的。拥有选秀状元的球队最好能用他去交换两名排名靠后的球员，因为后者的价值更高，并且花费更少。然而讽刺的是，联盟中最差的球队只有放弃优先挑选球员的权利，才能真正使球队受益。有时候，选秀状元对于这些失败的球队简直是灾难。

预测棒球大联盟

丹尼·古德温是伊利诺伊州皮奥里亚中心高中的一名力量过人的接球手。在大学后期的赛季中，古德温打出了 400 英尺的本垒打，给 MLB 招募者们留下了极其深刻的印象。在 1971 年选秀中，芝加哥白袜队第一个选择了古德温，但是他拒绝了他们 6 万美元（相当于 2015 年的 35 万美元）的年薪，随后获得了路易斯安那南方大学的奖学金。他在高年级时被《体育新闻》评选为当年的最佳大学生运动员。在 1975 年选秀中，加利福尼亚天使队第一个选中了他，并以一纸价值 12.5 万美元的合约签下了他（相当于 2015 年的 55 万美元）。不久后，古德温手臂受伤，导致接球的实力有所削弱。但相比接球技术，他的掷球水平更为出名。在比赛中，他打的是一垒和代跑者的位置。在七个赛季中，他为 3 支不同的队伍担任击球手。在他的整个职业生涯中，有 736 次担任击球方（相当于 1.5 个赛季），平均击球得分为 0.236。在 MLB 选秀中，古德温是唯一一个两次都被首先选中的球员，但他的职业生涯相当失败。

1965 年到 2014 年，MLB 一共出现过 50 名选秀状元。在这 50 名状元秀中，虽然有全国联盟和美国联盟中的双料年度新人，两名 1976 年的全国联盟冠军，以及两名 1979 年的美国联盟冠军，但只有 3 个人成为了当年的年度最佳新秀：鲍勃·赫默尔、达里尔·史卓贝瑞和布莱斯·哈珀。

有 4 名选秀状元甚至连一场联盟比赛都没参加就退役了。目前，MLB 选秀有 40 轮针对自由市场球员的额外选秀。与此形成鲜明对比的是，NFL 的选秀只有 7 轮。2015 年，MLB 的选秀中共有 1215 名球员被选中，NFL 则只有 256 名。NBA 的选秀规模则更小，两轮选秀中只有 60 名球员能够脱颖而出。

MLB 选秀中的球员数量每年都在变化，从 1975 年的 679 名上升到了 1996 年的 1738 名。有时候，一名排名靠后的选秀新人会带来惊喜。阿尔伯特·普荷斯被认为是有史以来最伟大的 50 名球员之一。他在第十三轮才被圣路易斯红雀队选中，在所有入选的球员中名列第 402 位。最出色的（击）接球手麦克·皮耶萨在 62 轮才作为替补被洛杉矶道奇队选中，在所有入选的球员中名列第 1390 位。道奇队经理汤米·拉索达是皮耶萨父亲的老朋友，因此卖了个人情给他。虽然是例外，但人们总是对此印象深刻。

最后几轮选秀就像买彩票一样，因为只有不到 5% 的人能够最终在 MLB 效力。MLB 选秀与 NFL 选秀还有一个不同之处，前者的候选对象很多都是刚刚高中毕业，还没有做好准备，此前只是在组织良好的低级别联盟系统中待过几年。怀疑论者可能会认为，MLB 的选秀人数之所以远远超过 NFL 和 NBA，是因为棒球拥有发展完备的低级别联盟系统，需要大量的球员来支撑这项运动。

根据 2012 年生效的一项集体协议，MLB 委员会为前 10 轮选中的球员设定了一个顺位值。在 2015 年选秀中，第一个被选中的球员顺位值为 861.69 万美元，第二名为 742.01 万美元，第三名为 622.33 万美元。图 58 显示的是 2015 年选秀中，前 10 轮被选中的 315 名球员的顺位值（30 支队伍，平均每支选择了 10 名球员，外加 15 名替补性质的入选者）。前 5 名球员之间的顺位值差距较大，之后的落差便不再那么明显。第 300 ~ 315 名球员的顺位值最低，为 14.97 万美元。

顺位值是签约金额的基准和参考，但并不是每个人的最终薪酬都与其挂钩。每支队伍都有一个整体的"资金池"用于签约新人，如果签约金额总数超过了其资金池的允许范围，就必须承担一定的税费惩罚，来年还可能丧失选秀的机会。例如，某支球队开出的签约金额超出其资金池 5% ~ 10%，就需要缴纳与差值相等的税，并将被禁止参加下一次选秀的第一轮。如果一支队伍以低于顺位值的价格签下了一名球员，那么省下的资金可以作为资金池的一部分，用于签约其他球员。

然而，如果一支球队并没有与所选的球员签约，它也将失去与其顺位值相等的资金。在 2015 年，第一轮被选中的 36 名球员中，有 17 名球员的签约金额小于他们顺位值的 1%。然而，前 4 名被选中的球员的签约金额总计 2210 万美元，与他们的顺位值总和 2728.66 万美元相差 518.66 万美元。

MLB 并没有一个统一的标准去衡量球员的成功，所以马塞和泰勒提出了"WAR 规则"。WAR 规则对棒球界颇具吸引力：它将一名正式球员与一名很容易招募到的替补球员（即在低级别联盟中打同样的位置，但是不够优秀，无法进入大联盟的球员）进行比较，从而得出前者与后者获胜率之差。

如果一名正式球员的 WAR 值为 0，那么就意味着该球员和一名并不

图 58

2015 年前 10 轮选秀的顺位值

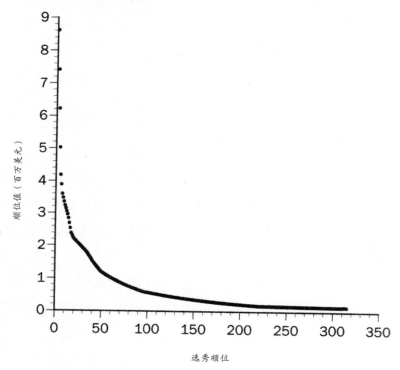

昂贵的替补球员表现相当。丹尼·古德温的 WAR 值为 1.7。虽然他两次成为第一顺位的选秀新人（状元秀），但是与那些不够资格进入大联盟的球员相比，他的表现甚至更加糟糕。即便如此，古德温和许多选秀状元并没有什么不同，甚至比其他人更为幸运。在第一顺位的选秀新人中，有 10% 的人甚至从来没有进入过大联盟，12.5% 的人虽然进入了大联盟，但是 WAR 值一直保持在较低水平，还有 12.5% 的人在整个职业生涯中 WAR 值一直保持在 0 ~ 5 之间。

球员在进入大联盟之前，通常都会在低级别联盟待上一段时间，我分析了 1965 年到 2004 年，每年的前 315 名入选球员在 2014 赛季的 WAR 值。图 59 显示，前几轮选秀之后，余下的球员在 MLB 中的表现便急剧下滑。

图 59

选秀新人在大联盟效力的百分比以及 WAR 大于 1、5、10 的百分比

选秀顺位	在 MLB 效力的百分比	WAR > 1	WAR > 5	WAR > 10
1	90.0	72.5	65.0	57.5
2	87.5	67.5	55.0	45.0
3	82.5	55.0	42.5	37.5
4	80.0	52.5	42.5	35.0
5	60.0	37.5	20.0	17.5
10	80.0	45.0	30.0	25.0
50	42.5	17.5	17.5	12.5
150	22.5	7.5	2.5	0.0
315	10.0	5.0	2.5	2.5

如果一名球员没有在前几轮被选中，那他在大联盟效力的概率就很低了，更不用说脱颖而出了。

另一个问题在于，一个选秀新人有多大可能超过在他之后被选中的新人。事实上，在每年被选中的前 315 名球员中，有 20.5% 的球员 WAR 值确实超过了其下一顺位的选秀球员，有 20.5% 的球员情况却相反，还有 58.5% 的球员和下一顺位的选秀球员 WAR 值相同（主要是因为他们都没有在大联盟效力）。把这一数据按照其他条件进行分解时，情况也是如此。例如，右撇子的投球手比起下一顺位被选中的球员，表现究竟是更好、持平还是更差？很难得出一个明确的结论。在前 10 名被选中的球员中，情况可能更清晰一些。48.3% 的球员优于下一顺位的选秀球员，42.8% 比后者差，9.0% 持平。但前 10 名之后的情况就模糊了起来，持平、更好或更差的情况都有可能出现。前两轮选秀过后，最可能的结果往往是，无论是前一顺位的球员，还是后一顺位的球员，都没有机会在大联盟效力。

或许，前一顺位的球员比下一顺位的球员表现出众的可能性很低，但前者的优势一旦发挥出来，却是十分显著的。例如，将排名第 10 位的球员与第 11 位进行比较，前者有 45% 的可能性优于后者，有 45% 的可能

性落后于后者，还有 10% 的可能性与后者持平。但是当前者的表现比后者更好时，这种差异就平均水平而言是巨大的。

图 60 显示的是 315 名选秀球员的平均职业生涯数据。正如前文所述，前几名入选球员之间的差距是最大的，后面的差距便逐渐缩小。这里有一个有趣的问题：这种差距模式是否与图 58 显示的顺位值的差距模式相符。

图 60
平均 WAR 数值

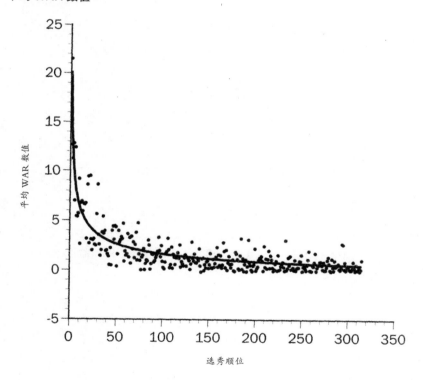

将顺位值除以每个选秀顺位的平均 WAR 之后，我计算出了 WAR 成本。图 61 的平均 WAR 成本为 36 万美元。前 60 个选秀顺位（前两轮选秀）中，大多数球员的 WAR 成本都超出了平均数，而第三轮之后的 WAR 成本都低于平均数。

相比后来入选的球员，早早入选的球员显然被高估了。这种现象背后最可能的解释便是对均值回归效应的忽视。

图 61
WAR 成本，WAR 小于 1 的选秀顺位忽略不计

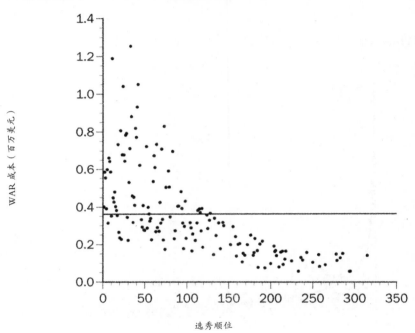

求职者

上述原则对于运动员和非运动员都适用，我之所以关注橄榄球和棒球运动员，是因为他们的实际情况和理想预期之间的差距更容易量化。通过确定某个球员究竟是第一、第二还是第四个被选中，我们可以预测其未来的成功。实际的成功可以通过数据来衡量，例如，某个篮球运动员的WAR 值，或者某个橄榄球运动员的四分卫评分。

而对于体育界以外的求职者，可以用什么样的参数对他们进行比较呢？就读的大学、GPA 证书、工作经历、推荐信还是面试成绩？无论是普通职员还是 CEO，他们的实际表现总会存在不确定性。他（她）是面试运气很差，但能力万里挑一的优秀人才吗？还是那种仅仅看上去很厉害，实际上并非如此的人？回归效应告诉我们，后者的可能性更大，因为市场上有很多水平一般的求职者。因此，多数新员工的表现总是比预期差。

彼得定律

职场晋升也是同样的原理。目前的工作表现水平并不代表着未来在更高职位上的表现水平。因此，那些因为当前工作成绩而被提拔的人，之后的表现往往不尽如人意。

我的朋友威廉在一家大型软件公司的商业销售部门工作。销售员被分为几个小组，每组都由一位销售经理负责。员工是否能够升职，只取决于他们的销售业绩。那些销售额最高的员工会被提升为经理，这样他们可以帮助其他人成为更加出色的销售员。但问题在于，销售的能力和训练、激励及领导员工的能力是两码事。

有很多生动的例子显示，销售能力很强的人往往是糟糕的经理。有些人简直是魔鬼一般的存在，总是在吹嘘自己的销售业绩，鄙视那些成绩不如自己的人。很多经理其实是好意，但是却起到了反作用，因为他们的训练手段收效甚微，让员工觉得浪费时间。结果，员工们不但没有创造更好的业绩，反而花了太多时间去讨好经理，然后抱怨身不由己。

当人们因为自己擅长的事情而被提拔到某个职位时，如果仍然能够保持之前的工作水准，那么就会被提拔到更高的职位，直到达到自己无法胜任的职位为止。这就是由劳伦斯·彼得提出的彼得定律："能力短板是经理的晋升终点。"人们之所以能够获得晋升，是因为他们目前的工作表现，而非他们达到了新职位的能力要求，所以他们晋升轨迹的终点就是自己不擅长的职位，即所谓的能力短板。

彼得定律是一个非常具有讽刺性，但也非常具有普遍性的回归实例。

魅力 CEO

该原则同样适用于 CEO。如何才能确定一个人是优秀的 CEO 呢？我们可以看看这个人之前的职业经历，但是一个公司、单位、团体的成功并不仅仅取决于某个人。虽然某位 CEO 确实来自一家成功的公司，公司也确实雇佣了他，但公司是一个极其复杂和多样的组织，CEO 需要与雇员、供应商、竞争者和政府打交道。一个 CEO 的未来有着极大的不确定性。因此，挑选 CEO 的过程中依旧会存在均值回归效应，因为那些表面上的最佳人选的实际水平并不会比其他人高出很多。

哈佛商学院的教授拉克什·库拉拉研究了数百个雇佣、解雇 CEO 的案例。他的结论是，在没有任何可靠的量化方法能够预测成功的情况下，公司的董事们总会被一种毫无根据的想法诱导，认为 CEO 应该充满魅力，这样他就能够激励员工、安抚股东。

对此，他举了柯达公司的例子。这家生产照相机和胶卷的传奇公司于 1888 年由乔治·伊斯特曼创办（据说，伊斯特曼使用"柯达"这个名称，是因为它独特、好记，而且他非常喜欢字母 K），并逐渐成长为世界上最大的摄影用品公司。20 世纪 70 年代，美国市场上销售的照相机和胶卷中，90% 都由柯达制造。人们甚至把拍照的好时机称为"柯达时间"。

然而，当面对低价竞争者和电子技术革新时，柯达却没有及时做出反应。1993 年，柯达的董事会开除了广受责难的 CEO 凯·惠特莫尔，他之前作为化学工程师已经在柯达工作了 36 年。他的继任者是摩托罗拉（著名的手机和微处理器制造商）的前任 CEO 乔治·费舍尔。在公司宣布这一人事变动消息的当天，柯达的股价上升了 8%。

然而，惠特莫尔并不是导致柯达衰退的唯一原因，费舍尔也不是摩托罗拉取得成功的唯一功臣。最终，费舍尔无法拯救柯达，因此在 1999 年 12 月 31 日辞职了，此时离他的合同到期还有 1 年。费舍尔的魅力使柯达的股价上升了一阵子，但好景不长。在费舍尔担任柯达 CEO 的 6 年里，标准普尔 500 指数上升了 2 倍多，而柯达的股价仅仅上升了 6%。

图 62 显示的是柯达从 20 世纪 60 年代到 2012 年 1 月申请破产保护这段时间内的股价变动。

CEO 的魅力并不能解决公司的问题，就像沃伦·巴菲特所说的那样：

图 62
柯达之死

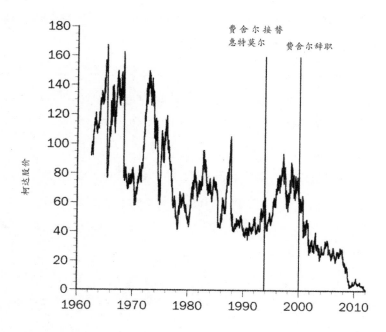

"当一位声誉良好的经理来到了一家声名狼藉的公司，公司的声誉是不会变化的。"

当一位 CEO 从外部空降到公司时，内部的失望情绪尤为明显。首先，外部人员不清楚企业文化、员工的长处和短处。其次，做出雇佣决定的董事会对本公司的内部人员很了解，对外部人员却一无所知。了解的信息越少，认知和现实之间就越有可能出现差距，更有可能出现均值回归现象。

寻找新校长

几年前，一所私立大学曾经在全国范围内物色新校长。学校内部人员似乎都不够资格担任这一职务，招聘委员会最终根据简历和推荐信，从数百名外部人选中确定了几位候选人。出于保密的考虑，面试在机场举行。之后，3 位最受委员会青睐的候选人被邀请前往该大学，与教职人员、管理人员、员工和学生进行了为期两天的会面。

招聘委员会对这 3 位神一般的候选人有着极大的热情。然而，每位候选人只是匆匆地到此一游。相比参观前的面试，每个人的表现都令人失望。有传言说，其实职位早就已经内定了，招聘委员会只是故意邀请了两位糟糕的候选人，以此来衬托他们中意的那位。

然而，究竟谁是委员会最喜欢的候选人？大家对此众说纷纭。可是，为什么没有人怀疑这是所谓的均值回归效应呢？没有人仅仅根据简历、推荐信和面试就能知道候选人的真正实力。你怎么能够确定这 3 位最佳候选人实际上是更优秀还是更差劲呢？

如果某个人看上去很优秀，但实际能力远不止于此，而且已经成功地成为了 3 位最佳候选人之一，那他（她）就真的是一个出类拔萃的人。然而，失望是不可避免的，因为 3 位表面上的最佳人选实际表现肯定没有那么优秀。均值回归效应还能解释，为什么内部候选人有着天生的劣势。一些人在大学里已经工作了二三十年，他们并没有很多隐藏的优点或者缺点。与未知的外部候选人不同的是，你对内部候选人的了解总与他们的实际水平非常相近。

我在我的统计学课上讨论过上述案例。课后，一名学生向我讲述了一个极其类似的事件。前一天夜里，他正好与他的父亲—— 一位任教于另一所大学的社会学教授在电话里聊了一会儿。他的父亲向他抱怨，当学校邀请了最有竞争力的教职人员去校园参观时，这些候选人并不像他们的论文或者之前的短暂面试那样表现得令人惊喜。这名学生说，他会再打电话给自己的父亲，和他聊一聊均值回归效应。

总统并不像他们看上去那么好或者糟糕

当富兰克林·罗斯福向他的第三届总统任期发起冲击时，共和党候选人——来自纽约皇后区的乔治·哈维宣布，如果罗斯福再次当选，他将搭乘"第一班前往加拿大的火车"离开美国。结果，罗斯福再次赢得选举，但是哈维留在了皇后区，并充满怨恨地自嘲道："他们从没有像现在这样需要我。"

2010 年，拉什·林堡向电台听众宣告，如果奥巴马的医保法案通过，"从现在开始的 5 年内，等所有的事情都收拾妥当了，我将离开这个国家，前往哥斯达黎加"。

最终，奥巴马的医保法案通过了，一个叫做"给拉什的机票"的网站开始筹款为他买一张飞往哥斯达黎加的机票。像哈维一样，林堡留在了美国，声称"我将去哥斯达黎加疗养，而不是移民"。

不仅仅是共和党人喜欢发出这种愚蠢的威胁。在 2000 年总统选举开始前不久，一些名人公开宣称，如果小布什当选，他们将离开美国。导演罗伯特·奥特曼甚至非常具体地告诉记者："如果小布什当选，我会坐飞机去法国。"小布什最终当选了，然而那些名人都食言了。奥特曼留在了美国，虽然他的威胁被录了下来，但他坚称自己的话被误读了。"我真正想说的是，如果小布什当选了，我将搬去得克萨斯州的巴黎，因为如果小布什不在那里的话，得克萨斯将变得更好。"是得克萨斯巴黎还是法国巴黎？它们之间到底有什么区别？答案已经不重要了，因为这两个地方奥特曼都不会去。

可能美国人对地理知识的掌握不是很好。在2016年的选举中，一家电子分析公司研究了450万条与唐纳德·特朗普有关的推特，发现其中有20万条威胁要离开美国。最热门的移民地是墨西哥，但有5800条推特说他们将移民去阿拉斯加，另外1500条推特说他们要移民去夏威夷。他们知道自己不喜欢特朗普，但是他们显然不清楚阿拉斯加和夏威夷都是美国的一部分。

更深层次的问题在于，一些美国人对总统选举感到十分愤怒，因为他们认为这不过是一场狂热的政治运动。野心勃勃的政治家不断地煽风点火，让选民们相信他们的竞选对手是邪恶的化身并将毁灭整个国家。

恶意的政治攻击早已屡见不鲜。1800年，托马斯·杰斐逊的支持者们就曾经到处散布传单，声称他的对手——现任总统约翰·亚当斯早已私下计划向法国宣战。在1880年总统选举开始前的12天，纽约的一家报纸刊登了一封伪造的书信。据称，该信是总统候选人詹姆斯·加菲尔德写给H. O. 莫里的（后者实际上并不存在，而他所在的马萨诸塞州林恩市雇员联盟也是虚构出来的）。信中提到，加菲尔德支持不限制中国移民的数量。

这种最后时刻的诋毁行为极其普遍，人们甚至给它取了个名字——11月选举前的"10月惊喜"。最著名的政治攻击发生在1964年的总统候选人林登·约翰逊和巴里·戈德华特之间。据说，后者愿意动用核武器结束越南战争。在广告中，一名两岁的小女孩正在数她摘下来的雏菊花瓣，在她终于艰难地数到 9 时，背景上出现了倒计时，最后，整个画面消失在一场核爆炸和一片蘑菇云中。在广告的结尾，画外音响起："请在 11 月 3 日为约翰逊总统投票，如果你待在家里，后果将会非常严重。"

这则广告只在电视上播放了一次，但是在新闻和脱口秀中却反复出现，效果极其显著。直到 50 多年后的今天，人们还对"雏菊广告"记忆犹新。导向性民意调查则是另一种更为微妙的恐慌传播手段。人们假装在进行一项民意调查，但实际上是在鼓励人们为候选人捐款和投票。

在 2000 年的共和党初选中，民意调查者提出了下列虚构的问题："如果你知道约翰·麦凯恩有一个黑人私生女（实际上，他从孟加拉共和国的特蕾莎修道院收养了一个女孩），你还会给他投票吗？"另一项民意调查则询问选民："如果你知道约翰·麦凯恩在越南的牢狱生活导致了他的精神不稳定，你还会给他投票吗？"

竞选团队还会制造出另一种恐慌，即一名候选人将使整个国家民不聊生，反过来，另一名候选人则将拯救民众于水火之中。妖魔化一个人，并将另一人奉为神明，这往往在于我们的一念之间。均值回归效应告诉我们，就像运动员和 CEO 一样，那些总统候选人总是不符合他们的表象。毕竟，从某种程度上来说，他们也只是求职者。

我们可以通过观察公众对于民选总统的看法（尤其是那些被寄予厚望的总统）来量化这一均值回归效应。

自 1937 年以来，乔治·盖洛普的调查机构一直在问美国人："你是否认同某总统处理公务的方式？"

20 世纪 70 年代，其他几家调查组织询问了同样的问题。表 4 显示的是 2015 年 11 月中旬，针对奥巴马总统的表现进行的三项调查的结果。

前 3 列显示的是反馈意见的分布情况，大体上是可以进行比较的。然而，CBS 民意调查中相对较低的支持率（42%）却极具误导性，因为很大一批受访者都拒绝回答这个问题。我们不妨看一看支持率和反对率的数字之差，奥巴马在 CBS 民调中的表现（−5）其实比盖洛普（−8）更好。有一个颇具吸引力的方法能够调整上述数字——根据回答人数的百分比计算出支持率与反对率。例如，CBS 的支持率应该为 42÷（42+47）=47%，这也就意味着 47% 的人表达了对奥巴马总统的肯定。这些数字出现在图 63 的最后一栏内（标题为"支持"），并且非常类似。我们的分析对象便是这些数字。

观察总统任期内的支持率变化是一件非常有趣的事情。1976 年，吉米·卡特在总统竞选中击败了在任总统杰拉尔德·福特。卡特毕业于美国海军学院，当时担任乔治亚州州长。他看上去非常直率、诚实，形象良好，与之前的一些总统形成了鲜明对比。在就职后的第一个月内，卡特的支持率达到了惊人的 89%。然而，在他 1981 年卸任时，支持率已经跌到了 38%。这究竟是一个反常的个案，还是几乎所有总统都要面临的共同趋势？

卡特是一个非常戏剧化的例子，但是每一位总统在任期内都发生过这种情况。1937 年，民意调查刚刚起步，此后，9 个人陆续当选为总统，所

图 63

奥巴马总统支持率（2015 年 11 月中旬）

	同意	不同意	没有意见	喜爱
盖洛普	44%	52%	4%	46%
ABC/ 华盛顿邮报	46%	50%	4%	48%
CBS	42%	47%	11%	47%

有人在第一任期结束时，支持率都比当选之初要低。6 位连任的总统中，有 5 位在两届任期结束时支持率都较低（除了克林顿，他的第一届任期开始时支持率为 67%，第一届任期结束时为 60%，第二届任期结束时为 69%），三位副总统（杜鲁门、约翰逊和福特）因在任总统死亡或辞职而成为总统后，在任期结束时的支持率都低于任期之初。

图 64 显示的是 9 位民选总统在第一届任期时的平均支持率。就职第一个月的平均支持率为 82%，第四年则下降至 54%，最终结果为 63%。之所以最终结果会出现回升，可能是因为他们的二次竞选宣传，或者公众认为他们将在不久后离任。

回归效应则认为，那些一开始有着高支持率的总统反而不如那些支持率一般的总统。

民选总统就任之初的支持率通常都超过 50%，否则他们怎么能在总统竞选中胜出成为总统呢？所以，我将 9 位民选总统按照他们在任期内第一个月的支持率分为两组。一组高于平均水平，一组则低于平均水平。

图 65 显示的是接下来的支持率走向。

正如预期的那样，一开始最受欢迎的总统支持率总是下降得最多。事

图 64

第一届任期内的平均支持率

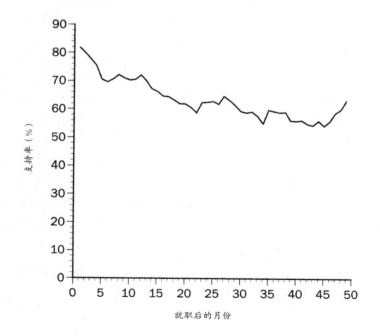

图 65
支持率高于 / 低于平均水平的总统

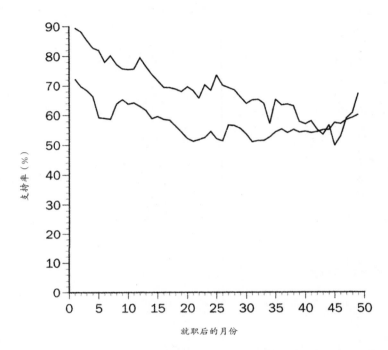

就职后的月份

实上，他们的支持率甚至低于那些最不受欢迎的总统的平均水平，尽管在任期结束时出现了强势回升的趋势。在任期之初，平均支持率之间的差距为 17 个百分点（89% 与 72%），结束时则只有 7 个百分点（67% 与 60%）。

大众对于总统候选人的看法受到演讲、广告和其他一切竞选手段的影响。我们对于总统候选人的期待也左右着我们的观点。竞选结束后，随之而来便是冰冷、残酷的现实。总统们总是不像他们在选举时看起来那么出色，随后，他们的表现都纷纷向平均水平靠拢。

活力

一位母亲给建议专栏"向艾米提问"写了一封信，部分内容如下：

"我总是会遇到一些看似拥有一切的男人，但事实并非如此。他们有的和亲戚一起住，有的和前妻或者女朋友一起生活。他们通常对财务很不负责任，并且（或者）有严重的感情问题。"

不管你信不信，这可能又是均值回归效应的一个典型案例。

均值回归效应的总体原则是：一些事物看似高于或低于平均水平，它们的实际情况虽然也可能如此，但与平均水平的差距不如表象那么明显。最能让人引起共鸣的一个例子是寻找灵魂伴侣。每个人都在寻找不同的东西，我们姑且称其为"亮点"。当你不带有任何期待时，你可能会看到某个人身上具有很多亮点，但是当你更深入地了解这个人时，通常都会有些失望。从理论上来讲，看似有更多亮点的人可能表现得更好，但实际却并非如此。有多少人能够在度假的时候，依然保持最具吸引力的外表？

这并不意味着我们不应该选择那些表面上的最佳人选，只是应该对他们的实际情况与预期之间的落差有心理准备。我们也应该清醒地认识到，对方对我们的感觉可能也是如此。

一旦你决定承认某人的存在、雇用某人，或者与某人发展一段认真的关系，就要提醒自己：在发现对方不如预期那样好时，千万不要产生所谓的事后反悔。均值回归效应解释了，为什么篱笆另一边的草总是更绿一些，为什么亲密会催生憎恶。但请不要放弃你拥有的东西，因为均值回归效应还提示你，你想要的东西可能并不像它看起来那样好。没有什么是完美的，包括你自己！

VIII 预测

更好的水晶球

在一项研究中，数百位男女受试者被要求预估自己的身高和体重。随后，他们接受了科学的测量。通过对比预估的结果与实际的结果，研究人员发现，高个子倾向于低估自己的身高，而矮个子则倾向于夸大自己的身高。显然，人们想要更接近于平均水平。体重的对比结果同样如此，超重的人喜欢少报体重，瘦子则喜欢多报体重。

这项研究的发起者因此得出了这样的结论：受试者预估的数值"会尽量接近令人满意的测量数据"。他们还对其他人提出建议："我们的成果对那些研究自我评估和身体形象的实验具有参考意义。"显然，人们不想让自己太过突出，某种程度上就像一句日本谚语所说的那样，"出挑的代价就是被打压"，在澳大利亚也有同样的说法，叫做"高蔷薇综合征"。

虽然上述解读可能颇具吸引力，但是还存在另一种解释：均值回归效应。我们的预估值与实际值之间的关系总是不完美的。大家不妨想一下：你现在的体重是多少？实际上，你的体重每时每刻都在变化，使用不同的体重秤也会得出不同的测量结果。因此，你的预估结果肯定是不准确的。

我做了一些假设性的计算，用来展示预估体重与测量体重之间的差别带来的后果。我假设每个人的测量体重在任何时候都围绕着一个平均值随机变化，要么处于平均水平，要么高于或低于平均值 4 磅。

类似地，我假设每个人对自己体重的预估值要么是平均值，要么高于或低于平均值 5 磅。例如，如果某人的体重为 160 磅，测量的体重可能为 156、160 或者 164 磅，预估的体重可能为 155、160 或者 165 磅。测量错误和预估错误之间完全没有关联，人们并没有因为某些原因产生预估偏差。

最后，我假设每组研究对象的体重平均值以 5 磅为一个周期，均匀分布在 140 ~ 200 磅之间的区间内。这个体重范围显然有些狭窄，实际的数据分布也不会是这样的，但是这种简化的计算方法能够帮助我们更专注地解读实验的含义。测试值和预估值的变动程度可能有些高，但是我想用图表来清晰地展示实验结果。

图 66
人们想要相信自己接近于平均值

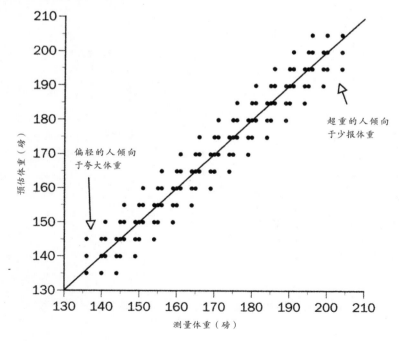

图 66 显示的是受试对象的测量体重和预估体重。45 度线以上的点代表高估实际体重的人，线以下的点则代表低估实际体重的人。

虽然测量结果和预估结果都没有偏差，但是这些数据还是遵循了一定的模式。在实验中，体重偏轻的人倾向于夸大体重，超重的人倾向于少报体重。虽然我假设每个人的预估都完全没有偏差，但是预估值比测量值更接近于平均水平，反映出人们更希望自己的体重接近于平均值而非实际值。

现在，让我们把图 66 的横轴与纵轴对调一下。图 67 显示，那些预估体重与平均值有很大差距的人是故意夸大差距的，因为他们不想接近平均值！而图 66 的结论是，人们想让自己的体重接近于平均值，与图 67 的结论恰恰相反。实际上，两者都是错误的。因为实验的前提是，我假设所有预估值和测量值都完全没有偏差。人们或许会想让自己的体重接近或者远

图 67

人们想要相信他们的实际数据离平均值相距甚远

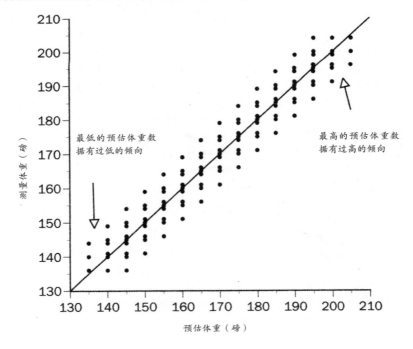

210

离平均值，但这些倾向是无法通过对比预估值和测量值得出的。

上述实验非常接近我们在前文中提到的例子——最聪明的女人嫁给了不如自己聪明的男人，最聪明的男人娶了不如自己聪明的女人。我们在图66 和图 67 中看到的，实际上是均值回归效应。

预测赢家

在 2013—2014 年 NBA 赛季开始前，5 个广受尊重的分析师或机构（ESPN、看台报道、麦特·摩尔、罗伊斯·杨和扎克·哈珀）预测了每支队伍在 82 场常规赛中的获胜次数。所有分析都预测迈阿密热火队将获得冠军，而费城 76 人队则会排名垫底。大家预测热火队获胜的场次位于57 ～ 61 这个区间，平均数为 59.8；预测 76 人队的获胜场次位于 9 ～ 20这一区间，平均数为 15。图 68 显示的是 NBA 全部 30 支队伍的预测结果。

不同的专家给出的预测结果之间的差距，反映出了比赛结果的不确定性。即便是最优秀的队伍也不可能赢得所有的比赛，比如，夺冠热门热火队在预测中也只能赢下 60 场，胜率为 73%。因此，某支球队在一个赛季中能够赢得多少场比赛是无法确定的。

结果，赛季开始后，热火队赢得了 54 场比赛，排名第五；76 人队赢得了 19 场比赛，排名倒数第二。

图 69 显示了每支球队的实际获胜次数与 5 位分析师的平均预测值之间的差别。直线的斜率是 0.77，这也就意味着，预计获胜场次超过平均值10 次的球队，实际上只超过平均值 7.7 次。预测的最佳球队与最差球队的表现比预期更接近于平均值。因此，专家们的预测显然过于极端。应该调整数据使其更接近于平均值，以提高预测的准确性。

图 68

5 名专家预测了 2013—2014 年的 NBA 常规赛季获胜情况

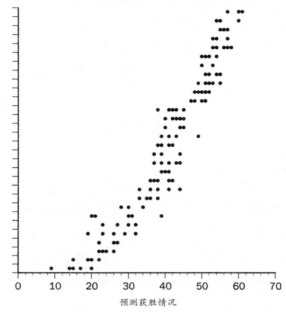

预测获胜情况

图 69

平均预测值及 2013—2014 赛季 NBA 常规赛实际获胜次数

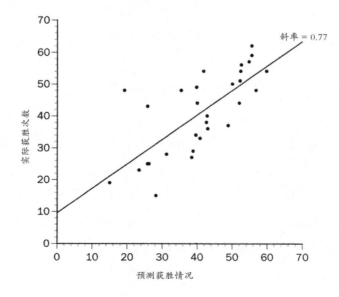

斜率 = 0.77

实际获胜次数

预测获胜情况

212

利率预测

我在生活中正面临着一个问题：到底应该选择固定利率还是浮动利率进行房屋抵押呢？利率上升会不会导致股市崩溃呢？有人通过预测汇率变化赚了很多钱，但是利率和股市一样难以预测。我们可以确定的一件事情是：预测的结果并不是完美的。这也就意味着，预测的巨大变动可能是被夸大了，而并非被低估了。在这种情况下，我们可以通过凯利公式进一步缩小范围，从而更准确地预测利率的变化。

如果我们从贝叶斯定理的角度解读凯利公式，合理的预测便是利率不变。如果预测的变动一直是正确的，我们就大胆地采信这些结果。但是，如果预测的结果与利率的实际变动毫不相干，预测便是毫无价值的。在这两种极端情况之间，相比专家的预测结果，使用凯利公式预测的利率变动更接近于 0。

里德·多西-帕玛提尔（我的学生，现在是一名教授）和我运用上述推理过程分析了专业预测员调查（Survey of Professional Forecasters，简称 SPF）提供的利率变化预测。美国统计协会（ASA）和美国国家经济研究局（NBER）自 1968 年起开始进行 ASA/NBER 经济前景调查。1990 年，费城联邦储蓄银行接手了这项任务，并将其重新命名为 SPF。每个季度，该项目会对大约 35 名职业预测师进行访问。预测的对象是 3 个月期的国库券利率和 10 年期的国债利率，以及穆迪评级体系中的 AAA 企业债券利率。

在每个案例中，我们都使用凯利公式进行计算，同时还要考虑预测值与实际变动值之间的历史相关性，以此调整预测的平均利率变动。图 70 显示，调整后的利率变动整体上比 SPF 的预测更为准确（对长期债券来说，这种准确性更具说服力）。

图 70

预测利率变化

利率 （提前月份）	更准确	
	SPF	调整后
国库券 (+1)	37	51
国库券（+2）	35	50
国库券（+3）	37	47
国库券（+4）	36	46
国债 (+1)	9	37
国债（+2）	14	30
国债（+3）	15	27
国债（+4）	12	28
AAA（+1）	26	62
AAA（+2）	25	61
AAA（+3）	22	62
AAA（+4）	28	54
总计	296	555

不接近贪婪的人

许多金融咨询师和证券投资经理都会使用"均值－方差分析"这样复杂的程序来选择高收益、低风险的证券组合。他们通常会用历史数据来预估这些证券的特征，再利用电脑程序选择最佳的投资组合。

然而，正如一条警示语所说的那样："过去的表现无法保证未来的结果。"图 71 显示的是 2003—2007 年、2008—2012 年道琼斯指数的平均月收益散点图。二者呈负相关，但是相关性趋近于 0，不具有实质性意义。也就是说，根据一只股票在 2003—2007 年的收益，无法可靠地预测它在 2008—2012 年的收益。

前后两个 5 年周期之间的松散关联性反映出，其中存在着均值回归效应。我们依然可以运用凯利公式去选择更好的投资组合。如果考虑到均值

图 71

平均月收益之间的相关性

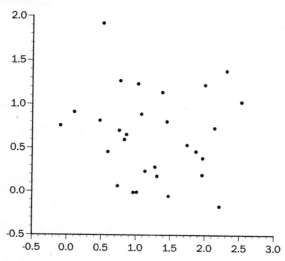

回归效应，就可以更准确地预测 2008—2012 年间 72% 的平均月收益。

　　同样的原则还可以运用在预测美国的股票、债券等资产收益上。过去 10 年、20 年或者 100 年间的股票与债券的表现差异，不能预示未来的 10 年、20 年或 100 年后的结果。

　　我们该如何面对这一现实呢？事实上，我们可以将那些看似不合理的数字变得更为合理，从而进一步调整历史数据。戴夫·斯文森便采用了上述方法管理耶鲁大学的投资组合。例如，在过去的 90 年间，美国的股票平均年收益高出国债 8%，但是斯文森预测，未来的股票平均年收益将只比国债高 4%。

　　斯文森自从 1985 年开始管理耶鲁基金以来，在减小风险的基础上，成功地提升了基金的收益。2005 年的一期《耶鲁校友杂志》刊载了题为"掌管 80 亿耶鲁资产的男人"的封面故事。文章指出，在过去的 20 年里，如果耶鲁大学像其他大学一样运作自己的资本，其 140 亿资本金可能会亏损 8 亿。2013 年，耶鲁大学公布，在过去的 20 年里，耶鲁基金的资产增加值为 180 亿美元。

斯文森的投资领域包括普通人难以企及的油田和森林资源，以及对冲基金和私募股权交易。此外，他还特别擅长挑选优秀的投资经理。他曾拒绝过一些经理，后来这些人管理的资产都崩盘了。对于为人处世，他唯一确定的标准是：不接近贪婪的人。当谈到伯纳德·麦道夫（后来他被证实在运营一个巨大的庞氏骗局）时，斯文森说："如果你坐下来和他聊一聊他的投资活动，还发现不了他是个言辞闪烁的骗子，你真应该为自己感到羞愧。"

据估计，"耶鲁成绩"中的50%～80%都要归功于斯文森挑选的投资经理的独到眼光。他选中的人通常都能更好地管理资产。另一部分成绩则要归功于斯文森的"均值—方差分析"法，因为它促进了资产分配方式的优化。我和两个学生将"均值—方差分析"运用在了普通人可以投资的资产上—— 一只美国股票、一种美国债券基金和一种货币市场基金。我们考虑了3种方法：历史回报、专家意见以及根据均值回归效应调整的专家意见。

历史回报指的是上述美国股票、美国债券基金和货币市场基金过去的收益。专家意见则来自利文斯顿的调查。1946年，费城的报纸专栏作家约瑟夫·利文斯顿就经济学家对微观经济变化的预测展开了一项为期半年的调查。

费城联邦储蓄银行于1978年建立了一个基于调查反馈的数据库，并在利文斯顿去世后接手了这一项目。费城联储银行访问了来自非金融领域、投资和商业银行、学术机构和政府部门等多个行业和领域的职业经济预测师，得到了这些分析专家们对基金和股票收益做出的预测，我们将对这些预测结果进行分析。

我们的均值回归效应投资组合背后蕴藏着一个理念：当预测的回报数据高到难以置信时，这些数据往往是被夸大的。如果一只股票的历史回报为 10%，专家的预测值为 20%，那么预测的结果应该接近于历史平均值，即 10%。所以，我们应用均值回归效应，将利文斯顿的调查结果缩小，使其更接近过去的平均值。

在我们研究的年份中，每只股票的预计年收益为 -0.3% ~ 8.8%，基金收益为 -1.4% ~ 4.3%。预测师们无疑考虑到了当前的经济形势，而非仅仅参考了历史回报平均值。他们的预测是有瑕疵的，我们很清楚这一点。但令人吃惊的是，他们预测的基金回报与实际的收益毫不相关。这可以反映出，想要准确地预测基金是极其困难的。

专家们预测的股票走势与实际的股票收益呈负相关。当预测师对市场十分乐观时，股市便狂泻不止；当他们持悲观态度时，市场却往往运转良好。虽然他们的预测看上去似乎毫无价值，但仍然是有意义的。如果我们知道哪些人的预测是错误的，就可以知道哪些人的预测是正确的。

基于均值回归效应的投资组合最终取得了胜利，打败了基于历史数据和利文斯顿预测的投资组合。在我们进行这项研究的 13 年里，同样使用 1 万美元本金进行投资，基于后两种分析的投资组合上涨到了 3 万美元，而基于均值回归效应的组合最终净值为 4.8 万美元。

也就是说，我们不仅可以避免被均值回归效应误导，还可以从中受益。职业预测师们都忽略了均值回归效应，而我们考虑到了它的影响，从而得到了更为准确的预测结果。

IX 投资

人行道上的 100 美元

1996 年，加德纳兄弟曾经写过一本名为《笨蛋如何打败华尔街的聪明人？你也可以》的畅销书。如果笨蛋可以跑赢市场，我们当然也可以。

加德纳兄弟在书中倡导的方法论叫做"笨蛋的 4 个策略"。他们宣称，在 1973 年到 1993 年的 20 年间，"笨蛋的 4 个策略"创造了 25% 的年平均收益率。他们的结论是，上述策略"能够保证使用者在未来同样能够得到 25% 的年收益率"。以下是他们提供的投资方法：

1. 在年初计算 30 只道琼斯指数股票的股息回报。例如，在 2013 年 12 月 31 日，可口可乐的股价为每股 41.31 美元，当年的股息为每股 1.12 美元，因此它的股息回报为 1.12 美元 ÷41.31 美元 =0.0271。或者说，这只股票的投资回报率为 2.71%。

2. 从这些股票中找出 10 只回报最高的股票。

3. 在上述 10 只股票中，选择股价最低的 5 只。

4. 在上述 5 只股票中，去掉股价最低的那只。

5. 将你个人财富的 40% 用于购买 5 只股票中股价排名倒数第二的股票。

6. 将你个人财富的 20% 用于购买其余的 3 只股票。

就像专栏作家戴夫·巴里所说的那样："这些都不是我编造出来的。"

有人想弄清楚：这个策略为何如此复杂？这是不是另一种形式的数据挖掘？

从前两个步骤中，还能看出一些逻辑，因为股市有时候会对消息反应过度，导致股价出现波动。这些暂时的变动使得唱反调的人往往有利可图——他们可以买入别人卖出的，再卖出别人想买入的。按照这个策略的前两步（选出道琼斯指数股票中 10 只回报率最高的股票），就能够选中那些价格较低、股息较高的冷门股票。

此外，还有一个流传已久的投资策略，名为"道琼斯之犬"。它推荐投资者购买股息收益最高的道琼斯股票，这看起来非常合理，因此极受欢迎。

"笨蛋的 4 个策略"虽然和上述投资方法很像，其本质仍然是一种数据挖掘。第 3 步毫无逻辑性可言，因为一只股票的价格取决于公司净发行的股票数量。如果某家公司将股票数量变为原来的 2 倍，每股的价格必然会缩水一半。因此，没有理由认为发行了更多股票的公司是更值得投资的对象。伯克希尔·哈撒韦公司（并非道琼斯指数股票）发行的股票数量很少，因此其股价高达 20 万美元，但它却是极佳的投资对象。

第 4 步又是怎么一回事呢？为什么本着便宜至上的原则选择了 5 只价格最低的股票后，又要去掉价格最低的那一只呢？

第 5 步和第 6 步也很难理解。为什么在股价排名倒数第二的股票上投入的资金为 40%，达到了其余 3 只股票投资金额的 2 倍？或许答案是：这种方法曾经发挥过作用。

格兰特·麦昆和斯蒂文·索利两位教授对上述理论持怀疑态度。他们深知，要揭露这种"数据挖掘"策略的真面目，就必须用最新的数据对它进行测试。如果某人制造了一个奇怪的理论，并用一组特定的数据来佐证，我们就可以通过那些未被"数据挖掘"染指的数据来检验它是否可行。麦昆和索利通过 1949 年到 1972 年的数据测试了该理论，发现它并没有效果。

他们还使用另一个绝妙的方法来进行测试。加德纳兄弟的理论基于每年 1 月第一个交易日的数据。如果该理论真的有效，那么使用每年 7 月第一个交易日的数据进行投资组合，也应该得出相同的结果。但事实却恰恰相反。

1997 年，也就是在提出"笨蛋的 4 个策略"仅仅一年之后，加德纳兄弟调整了他们的方法论系统，将其重新命名为"UV4"。他们的解释恰恰证明了该理论实际上源于数据挖掘："为什么进行调整？因为历史证明 UV4 比'笨蛋的 4 个策略'更有效果。"如果一种"数据挖掘"策略只能在数据对应的年份有效，而在其他年份无效，我丝毫不感到惊讶。到了 2000 年，加德纳兄弟停止了兜售 UV4 和"笨蛋的 4 个策略"，并承认了这两种理论的缺陷。

可见，"笨蛋的 4 个策略"真是非常愚蠢。

"折磨"数据

为什么"数据挖掘"式的股市理论如此常见？原因在于，股价的变动总是受到诸多随机因素影响。就像预测硬币的正反面一样，我将一枚硬币上抛 10 次，然后得到了如下结果：正、正、正、反、反、反、反、正、正、反。

如果用"数据挖掘"式的理论来描述，硬币出现正反面的概率是：上抛硬币时，第一次是 3 枚正面朝上，第二次是 3 枚背面朝上，之后每 3 枚硬币的正反面都按照这样的次序出现。如果按照这个理论，在上述 10 次中有 9 次都是正确的。那么，你相信我能够预测硬币的正反面吗？我希望你不要相信。

让我们用新数据测试一下这个理论。当我再抛 10 次硬币，得到的结果是：正、正、正、正、反、正、正、反、反、正。

这一回，我猜对了 5 次，猜错了 5 次。这证明，我的理论毫无价值。如果你能亲眼看到我提出理论的方式，会觉得这根本不像话。

在股市上，不是每个人都懂得"数据挖掘"。人们总是喜欢抱有希望（以及贪婪），这使得我们愿意相信，某人能够找到打败市场的方法。

当加德纳兄弟宣布，有一种理论能够帮助我们实现 25% 的年收益率，我们便乐于相信这是真的。对这种理论的质疑，往往基于两个原因：首先，那些真正找到了击败市场方法的人，都会选择自己先快速发家，而不会靠售卖几美元一本的书来缓慢地致富；其次，股价是由投资者决定的—— 一些人买入，另一些人卖出。如果一只股票能攀升到每股 30 美元，没人会以 20 美元将它卖出。只要某些圈内人士知道股价会上涨到 30 美元，他们就会买入更多的股票，让股价不断上涨。

当一只股票被以 20 美元的价格卖出时，买家和卖家的数量是相等的，任何一方都不知道股价后续的涨跌。乐观主义者买入，悲观主义者卖出。有时候，乐观主义者的决定是对的，有时候则相反。

过去已经发生的或者将来预计会发生的事情已经体现在了股价的变动上，因为买卖双方都会将上述信息纳入考虑范围。例如，在 1988 年总统大选期间，人们普遍相信，与迈克尔·杜卡基斯相比，乔治·布什当选对股市更为利好。

但是在 1989 年 1 月 20 日（星期五）那天，乔治·布什宣誓就职后，股市稍稍下跌，因为布什是否当选总统已经不是什么新鲜事了。当布什确定能够胜选时，他给股市带来的利好刺激已经结束了。对股市而言，就职仪式只是一个被充分预测到的无效事件。

股价会在意外事件出现时发生改变，然而意外事件是不可能被预测的。因此有观点认为，股价变动也是不可能被预测的。上述观点甚至还有一个专有名称：随机漫步理论。该理论认为，股价变动与先前的变化无关，就像抛硬币的结果与先前的结果无关，一个醉汉迈出的下一步与上一步无关。

如果随机漫步理论是正确的，股价的变动就会像抛硬币的结果一样难以预测。我们知道，从过去抛硬币的结果中发现一些巧合以及可循的模式并不是难事，但它们毫无价值，根本无法用来预测未来的抛硬币结果。预测股价也是同样的道理，反复地折腾相关数据，只能得出毫无价值的巧合结论。

上述论点是怀疑论者最有说服力的武器。他们用它来攻击异想天开（一支 NFL 球队赢得超级碗时应当买股票）或者基于过去经验（福特 F-150 皮卡汽车的销售额去年上涨了）的投资策略。同时它还非常有说服力地解释了，为什么我们会对"笨蛋的 4 个策略"之类明显基于"数据挖掘"的投资策略半信半疑。

有这样一个故事。两位金融学教授在路上看到 100 美元，其中一位教授准备去捡，这时另一位教授说："别捡了，如果它是真的，早就有人把它捡走了。"金融学教授总喜欢说，市场不会轻易把 100 美元丢在路上。意思是，如果存在赚钱的捷径，早就有人会发现它了。这种说法不完全对，股价有时候也非常奇怪。

在投机热潮与金融危机中，股市可能会在人行道上留下一个装满 100 美元的行李箱。当你觉得找到了赚钱的捷径时，应该问问自己：其他投资者没有看见路上的 100 美元吗？自己是否忽略了一个具有逻辑性的解释？幸运的是，大多数投资者低估了运气在股市中扮演的角色，因而忽略了均值回归效应，而这正是我们可以充分利用的。

漂亮 50

几十年前，许多投资者通过股息收益（年股息除以股价）来决定一只股票是否值得投资。一只股价为 100 美元、年股息为 5 美元的股票，其股息收益为 5%。投资者往往会忽略一个事实，即股息和股价通常随着时间增长，投资者除了获得股息之外还将得到资本的增值。到了 20 世纪 50 年代，股票的平均股息收益为 9%，而政府债券的利息只有 2%。股票虽然也被算作资本收益的一部分，但它的价值却是可商榷的。20 世纪 50 年代和 60 年代，股票的增值不断变现，不断上升的股票价格使得股息收益低于债券收益。但是到了 20 世纪 70 年代，许多投资者似乎只对股票增长感兴趣，特别是那些增长极快的所谓"漂亮 50"股票。这种急功近利的思想促使投资者盲目追逐高增长的股票，他们为此投入了大价钱，而且是现在看起来极其愚蠢的大价钱。

投资者认为他们发现了稳赚不赔的投资对象，于是一直将股价往上推。但是一只"漂亮 50"股票是否值那么高的价格，甚至可以没有上限？一个基本的投资准则这样写道："不管一家公司的管理层能力如何，不管一家公司的利润高低如何，不管一家公司的前景如何，公司股票的吸引力都来自股价。一家好公司的股价可能显得过高，一家烂公司的股价则会显得十分便宜。"

在 1972 年末，施乐共有 49 次股票盈余交易，雅芳有 65 次，宝丽来有 91 次。然而从此之后，行情便一落千丈。从 1973 年的股价最高点到 1974 年的最低点，施乐的股票价格下跌了 71%，雅芳下跌了 86%，宝丽来下跌了 91%。所谓的"漂亮 50"股票并没有一份正式的名单。一份发表于 1977 年的福布斯报告引用了摩根担保信托公司的名单，另一份同样发表于 1977 年的福布斯报告却引用了基德尔·皮博迪公司的名单。两份名单中都出现的 24 只股票可以算作名副其实的"漂亮 50"股票。图 72 显示的是这 24 只表现出色的股票，它还显示了这些股票在 1972 年 12 月 31 日的市盈率，以标准普尔 500 的 19.1% 市盈率作为参照。

这 24 只绩优股最后的表现差强人意。在之后的 29 年里，这些股票中

图 72

24 只表现出色但实际上十分糟糕的股票

	市盈率（%） 1972.12.31	年股票收益（%） 1972—2001
宝丽来	90.7	-14.7
麦当劳	85.7	10.5
MGIC 投资	83.3	-6.8
迪士尼	81.6	9.0
巴克斯医疗器材公司	78.5	10.1
国际香精香料	75.8	5.7
雅芳	65.4	6.0
Emery Air Freight	62.1	-1.4
强生	61.9	13.4
Digital Equipment	60.0	0.9
克雷斯吉（现在是凯马特）	54.3	-1.1
Simplicity Pattern	53.1	-1.5
安普	51.8	11.2
百得	50.5	2.5
先灵	50.4	13.2
美国医疗设备供应公司	50.0	12.4
斯伦贝谢	49.5	10.4
宝来	48.8	-1.6
施乐	48.8	0.9
柯达	48.2	1.7
可口可乐	47.6	13.2
德州仪器	46.3	11.3
礼来	46.0	13.1
默克	45.9	14.3

有 18 只低于标准普尔 500 的 12% 的年收益率。图 73 显示，这些有着最高市盈率的股票却最有可能低于市场的平均水准。

假设 1972 年底，一名投资者对上述 24 只股票中的每只都进行了等额的投资，另一名投资者则对标准普尔 500 进行了投资。到 2001 年底，后者的财富值将是前者的 2 倍。

图 73
回报率 VS 市盈率（24 只表现良好的"漂亮 50"股票）

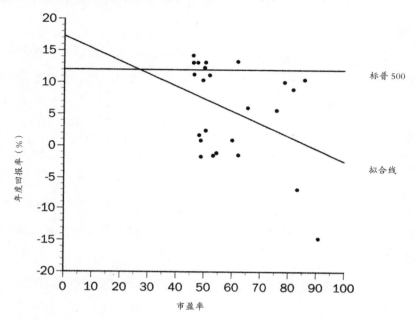

不严谨的推断导致的危害

　　高增长的股票往往令人失望。投资者如果仅凭直觉而不是理性地评价股票的价值，他们就只能看到短期的增长，之后便认为找到了能够永远增值的股票。但不幸的是，超高的增长率不可能长久。

　　如果一个投资者认为，他观察到的趋势能够不受任何因素的影响并永远维持下去，这无疑是极不严谨的，因为这只是一种不加判断的推论。有时候，我们只需要想想那些极端不合理的例子，就可以一眼看穿其中的错误。一项研究表明，英国的演说家们使用语句的平均长度，从弗朗西斯·培根时代的 72 个词，下降到了温斯顿·丘吉尔时代的 24 个词。如果这种趋

227

势继续下去，演说家们每句话的长度会变成 0，最后变成负数。

还有人则调侃地推测道，如果美国高速公路的最高速度限制在每小时 55 英里以内，交通事故死亡率将大大下降。

皮尔斯伯里大学的教授表示，如果想让高速公路上的死亡率降至 0，我们只需要把速度限制在 0 英里 / 小时。数据显示，死亡率会随着速度上限的提高而提高，而数据的结点是 0 英里 / 小时。事实上，如果进一步假设速度降至负数，死亡率也可以降为负数。因此能够从数据中得出这样一个结论：如果车倒着开的话，将会创造出新的生命，而不会导致死亡。

1924 年，计算 - 制表 - 记录公司，将其拗口的名字改成了更充满雄心壮志的"国际商业机器公司（IBM）"，继而成为了领先的绩优股公司。直到 1978 年的 50 多年间，即使将通货膨胀考虑在内，它也能保持每年约 16% 的利润增长率。

图 74 显示的是在 1978 年做出的对 IBM 未来每股盈利的预测，基于对未来 10 年行情的推测。图上的曲线非常光滑，并且与数据极为吻合。它显示 IBM 的每股盈利将会在 1988 年达到 18.50 美元，为 1978 年的 3 倍。根据上述推测，许多股票分析师推荐购买 IBM 的股票，并预测它的价格在未来 20 年将会翻两番。

图 74 和所有历史图表一样，仅仅是描述性的。当我们根据过去的数据预测一个确信的结果时，应该仔细看看这些数据，并且认真思考导致上涨趋势的原因是会继续存在还是会消失。

如果这些分析师认真思考过，他们本可以意识到 IBM 的显著增长不可能永远持续下去。IBM 从小公司起家，业绩随着电脑的普及而迅速增长。IBM 的 CEO 托马斯·沃特森曾经说："我认为全世界最多只需要 5 台电脑就够了。"他的话显然是错的。到 1978 年，IBM 已经成长为一家大型公司，其两位数的增长率也越来难以维持。与小公司相比，大公司想要保持每年 16% 的增长率显然更难。

图 74

确定的结果？

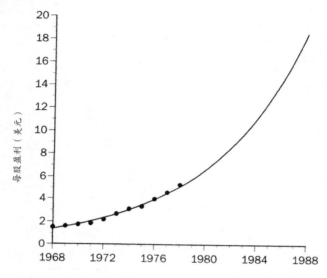

如果 IBM 保持每年 16% 的增长率，而美国整体经济保持 3% 的长期增长率，那么在不久之后，美国半数的产品都将是 IBM 制造的。到了 2008 年，所有的东西都是 IBM 出品。这是一个脑洞大开的想法，如果真要实现，就必须付出一些代价：要么 IBM 的增长率下降至 3%，要么美国整体经济的增长率上升到 16%。后者显然是不可能的，因为整体经济增长受到劳动力和生产力的限制。

图 75 显示，IBM 的高增长率并没有保持下去。事实证明，根据 1968 年到 1978 年的收入做出的简单推论是不严谨的。这种推论过于轻率和乐观。IBM 的股价并没有像预测的那样在 1988 年达到 18.50 美元，只达到了该数字的一半。在接下来的几年里，IBM 的表现同样如此，因为它无法保持 16% 的增长率。20 世纪 70 年代的投资者相信，IBM 将永远表现出色，因此购买了 IBM 股票。但他们最后失望地发现，不能仅仅看着后视镜来决定行进的方向。

图 75
出人意料的结果：IBM 股价走势图

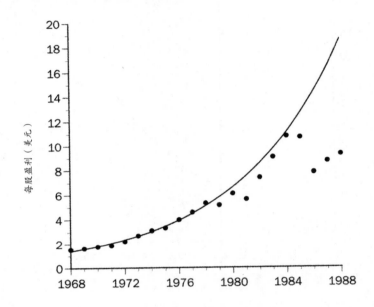

投资者们经常希望找到下一个 IBM、沃尔玛或者谷歌。当他们看到一年、两年或者三年的持续增长，就会得出结论：这家公司的业绩能够一直增长。而均值回归效应告诉我们，一家能够持续增长的公司可能是撞了大运，未来最有可能趋向于平均水平。这无疑会让那些过于乐观的投资者失望。

在衡量一家公司的成功时，上述原理也同样适用。那些看上去似乎最成功的公司可能仅仅因为运气比较好，未来将趋于平均水平。如果投资者没有预测到这种均值回归效应，该公司的股价就会被炒得奇高。当均值回归效应起作用时，股价就会应声下跌。

保守的盈利预测是更好的预测

盈利预测也遵循类似的规律。最乐观的预测往往过于乐观，因此那些有着最乐观的预测前景的公司，实际表现可能并不像预测的那样美好。

类似的，最悲观的预测往往过于悲观。所以，那些被唱衰的公司却可能逆势而上。

我和两位同事发现，如果调整盈利预测的结果，使其更接近平均数，预测的准确性将得到实质性的持续提高。每年我们都会收集媒体分析师对股市当年和来年的盈利预测。我们对分析师们在 1996 春季做出的 1996 年（当年）以及 1997 年（来年）预测进行了研究，然后使用凯利公式调整了预测结果，使其更接近对所有公司预测的平均结果。

我们没有分析各家公司的资产负债表，甚至无需看公司的名字，只需要将分析师的预测结果向平均数缩减。我们用极具说服力的证据证明，对公司盈利的预测总体上过于极端——预测前景乐观的似乎过于"乐观"，预测前途暗淡的似乎过于"悲观"。图 76 显示，从总体上来看，我们调整后的预测准确率比原来高出了 70%。

如果投资者过于看重分析师的预测（或者做出类似的预测结果），那些预期表现良好的公司的股价可能被炒至奇高，那些不被看好的公司股价则可能被低估，而这些错误都会被均值回归效应纠正。如果这种观点是正确的，那些预期前景悲观的股票的后期表现将超过有着相对乐观预期的股票。

图 76

更准确的预测结果

	分析师	调整后
当年盈利	2146	5033
来年盈利	1264	2852

根据分析师给出的当年盈利增长率预测结果，我们拟定了五个投资组合。最乐观的组合包含了有着最高预期增长率的股票中的20%，最悲观的组合则包含了有着最低预期增长率的股票中的20%。

然后，我们计算了未来12个月每个投资组合的收入，同时采用了类似的程序计算了该投资组合来年的盈利预期，计算的时间段为未来的24个月。

图77显示，预期较差的投资组合战胜了预期乐观的投资组合，并且风险更低。对此，最合理的解释莫过于，市场没有充分认识到均值回归效应的作用，以至于把100美元的钞票丢在了马路上。

图 77
更准确的预测结果

	最乐观	中度乐观	中间组	最悲观	悲观
当年预测	11	15	15	16	18
来年预测	23	27	32	35	37

过度与荒谬

伟大的英国经济学家约翰·凯恩斯观察到："现有投资利润的日常波动虽然是昙花一现、无足轻重的，却对市场产生了过度且极其荒谬的影响。"如果他的结论是正确的，这种市场的过度反应可能最终解释了沃伦·巴菲特的至理名言："当别人都贪婪时，保持畏惧；当别人畏首畏尾时，保持贪婪。"如果投资者经常反应过度，由此导致市场剧烈波动时，最好相信股价大幅上涨之后将会下跌。

我研究了从1928年10月1日到2015年12月31日（共22965个交易日）道琼斯指数每天的股票收益。在上述时间段内，道琼斯指数从20

只股票扩展到 30 只股票。我计算了每只道琼斯股票的日回报，并与其他 29 只股票的平均收益进行比较。由此，我们可以发现哪些股票被高估或低估了。对这些股票的评价往往基于特别消息或者某个公司的特点，而并非基于由宏观新闻或者情绪引发的整体市场上涨或者下滑。

我又研究了某只股票上涨或下跌超过 5% 的交易日，然后追踪其未来 10 天的收益。一般而言，我们经常假定，股票的收益是正态分布的，但是实际情况并非如此。如果正态分布是正确的，那么从理论上来说，股票上涨超过 5% 的情况应该发生 270 次，下跌超过 5% 的次数也应该有 270 次。事实上，前者发生了 3810 次，后者则发生了 3021 次。

股价变动后发生了什么呢？一只股票前一天上涨了 5% 以上，第二天就可能下跌。同样，在一天中下跌了 5% 以上的股票，第二天就可能上涨 5%。图 78 显示，就平均水平而言，到第十个交易日为止，大涨日之后累

图 78
股价上涨超过 5% 后的平均累积每日回报

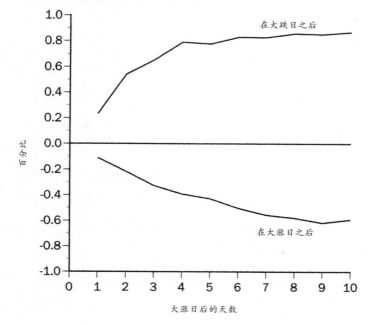

积发生的损失为 0.59%，而下跌日之后累积发生的收益为 0.89%。以上数据属于涵盖面非常大的年度数据，具有高度的统计学重要性。大幅度的股价上涨之后，未来 10 天发生的往往是持续的、实质性的，并且在数据上具有说服力的下跌，这也有力地证明了市场的过度反应。

道琼斯指数的诅咒

道琼斯工业平均指数指的是 30 家蓝筹股的平均值，它们代表了美国最优秀的 30 家公司。对投资者而言，道琼斯公司意味着那些"以优异的产品或者服务质量和广泛的认可度"而著称的、有实力的公司，并且曾经有过成功的增长记录。

道琼斯工业股票的平均价格指数由平均价格指数委员会维护，平均价格指数委员会会定期更改道琼斯指数股票的名单。有时是因为某家公司与其他公司合并后，股票不再交易；有时是因为公司经历了重重困难，不再被视为蓝筹股，于是被更成功的公司取代。

例如，1999 年 11 月 1 日，家得宝取代西尔斯成为了道琼斯股票。西尔斯是一家传奇的美国公司。它最初是一家邮购商，销售的商品包罗万象，从手表、玩具、汽车到组装房，后来发展为美国最大的零售商。西尔斯已经在道琼斯股票名单上待了 7 年，现在却要与沃尔玛、塔吉特和家得宝这样的零售商艰难竞争。另一方面，家得宝因其家庭组装及改造业务迅速壮大，每 56 个小时就有一家新的门店开张。它的工具产品直接与西尔斯的传奇工具产品"名匠"展开竞争，并最终赢得了较量。在过去的 6 个月里，家得宝的股价已经上升了 50%。

当一家原本在道琼斯名单上的公司被另一家新兴公司取代时，你认为哪家公司的股票在未来会表现更好？前者还是后者？如果你考虑到均值回归效应，就会明白，那些被踢出道琼斯指数的股票可能比替代者的表现更好。

这种说法与直觉不符，因为人们通常会将一家伟大的公司和一只伟大的股票混为一谈。假设你发现了一家伟大的公司，长期以来，它的利润都很高且十分稳定。它会因此是一个好的投资对象吗？答案是，这取决于股价。如果股价为 10 美元，它会是一个诱人的投资对象吗？如果每股股价为 100 美元、1000 美元呢？

有些股价让股票显得过于昂贵，也有些股价让股票显得十分便宜。不管一家公司有多好，我们在决定其股票是否具有吸引力之前，都必须知道股价。

这条法则同样适用于那些表现糟糕的公司。假设一家公司取了一个不幸的名字，叫做"涤纶西装"，目前正处于生死边缘，股息为每股 1 美元，但是预期股息每年会下跌 5%。谁会买这种表现差劲的股票呢！但是如果价格合适，谁又不会买呢？你可能愿意花 5 美元购买一只股票，得到 1 美元的股息，然后看着股息逐年变成 95 美分、90 美分……如果 5 美元的股价没有说服你投资该股票，那么当股价变成 1 美元的时候呢？变成 10 美分的时候呢？

让我们重新回顾一下道琼斯指数股票的上榜及退出现象。对于投资者而言，问题不在于进入道琼斯指数的公司是否比那些被取代的公司更成功，而在于它们的股票是否是更好的投资对象。在榜单上进进出出的公司都是数以千计的投资者密切关注且十分熟悉的公司。1999 年，投资者非常清楚一个事实：家得宝是一家好公司，而西尔斯则相反。它们的股价也反映出了这一认知。这也说明了为什么家得宝的股价上涨了 50%，西尔斯的股价下跌了 50%。

然而，均值回归效应显示，被移出道琼斯指数名单的公司后来有着上佳表现，而它们的替代者的表现却不像预期的那么好。因此，前者的股价常常会低得不合理，后者的股价却会虚高。当一家表现糟糕的公司逆势而上时，它的股价将会上升。当一家表现良好的公司出现倒退时，它的股价将会下跌。这种论点表明，那些被从道琼斯名单中移除的股票将在整体上超过那些新进入名单的公司。

2005年，西尔斯被凯马特收购，此时距离它被踢出道琼斯名单已经有5年半了。如果你在它被移出道琼斯名单后随即购买了这只股票，到它被凯马特收购为止，你的收益率将是103%。如果你对其替代者——家得宝进行投资，你将损失22%。在这段时间内，标准普尔500指数中的股价下降了14%。

西尔斯在离开道琼斯名单后，收益率超过了平均水平，而家得宝在进入道琼斯名单后的收益率却低于平均水平（凯马特和西尔斯的合并并不光彩，但这又是另一码事了）。

西尔斯和家得宝的反差，是一个独立发生的巧合，还是"退出者后来居上"模式的一部分？1999年，有4家公司取代了原先的道琼斯公司：家得宝、微软、英特尔和SBC通信分别取代了西尔斯、固特异轮胎、联合碳化物和雪佛龙。家得宝、微软、英特尔和SBC通信都是伟大的公司，但是它们在下一个10年里的表现都很糟糕。

假设某天有4家新公司取代了原先的4家道琼斯公司，你已经在前者的股票上分别投资了2500美元，共计10000美元。这是你的"替代者"投资组合。你在后者的股票上同样分别投资了2500美元，共计10000美元。这是你的"退出者"投资组合。图79显示的是在道琼斯指数发生变动的10年后，这两个投资组合相较于标准普尔500指数的表现。

10年后，标准普尔500指数下跌了23%；"替代者"投资组合的表现更差，下降了34%；"退出者"投资组合却相反，上升了64%。

也许你会说，以上数据仅限于1999年退出和进入道琼斯指数的4家公司。或许1999年是一个特殊的年份，其他年份的情况可能不一样。但

图 79

1991 年进入及退出道琼斯指数的股票

	最初的投资组合	5 年后	10 年后
"替代者" 投资组合	10000 美元	6633 美元	6604 美元
"退出者" 投资组合	10000 美元	9641 美元	16367 美元
标准普尔指数 500	10000 美元	8295 美元	7652 美元

这种假设并不成立。2006 年，我和两名学生——安妮塔·奥若拉和劳伦·凯普研究了从 1928 年 10 月 1 日（道琼斯名单扩展为 30 家公司时）开始的共计 50 次道琼斯指数股票变动。我们发现，在 32 个案例中，被踢出名单的公司比它们的替代者表现更好；在其余的 18 个案例中，情况则恰恰相反。"退出者" 投资组合打败了 "替代者" 投资组合，前者的年收益比后者高出 4%。78 年累积下来，差距是巨大的。

从 1928 年到 2006 年，一个共计 1000 美元的 "替代者" 投资组合到 2006 年将增长至 1600 万美元，而一个共计 1000 美元的 "退出者" 投资组合将增长至 3300 万美元。

另一种研究方法是，计算出每次变动发生后股票收益的平均值。因此，我们研究了从道琼斯股票名单发生变动开始，未来 10 年间每只退出股票和新增股票的日收益。在对所有变动进行了计算之后，我们得到了变动后第一个交易日的收益平均值，然后依次计算出第二个、第三个交易日的平均值。

图 80 显示的是 10 年间，退出名单的股票日收益平均值除以新增股票的日收益平均值的比率。退出名单的股票日收益在变动发生后的 5 年内超过了新增股票，随后它们的相对表现就稳定了下来。

相较于它们的替代者，退出道琼斯名单的股票是更好的投资对象。然而一再发生的情况却是，市场忽略了均值回归效应，使得 100 美元又被扔在了马路上。

图 80

变动后，被替代股票的日收益与新增股票日收益的比率

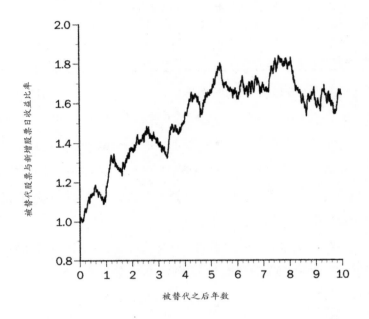

被替代股票与新增股票日收益比率

被替代之后年数

选择一位顾问

挑选股票投资顾问，需要的不只是一点运气，同样还要考虑到均值回归效应。这是因为，就平均水平而言，能够做出最佳选择的投资顾问在任何特定的年份，都会比来年更为平庸。

1996 年，彼得·贝恩斯坦在他获得大奖的畅销书《与上帝背道而驰》中这样写道：

"职业投资经理的记录同样受到均值回归效应的影响，今天的热门经理在未来极有可能过气。最聪明的策略应该是解雇那些有着最佳纪录的经理，将资产交给那些表现最差的经理管理。这和卖出股价最高的股票、买

入股价最低的股票是一样的道理。"

贝恩斯坦非常聪明，但这并不是智慧。这种"最好的将变成最坏的，最坏的将变成最好的"是一种赌徒谬误，即"福兮，祸之所伏"。它显然是错误的，而且根本没有体现出均值回归效应。

均值回归效应之所以发生，是因为有着最佳记录的经理可能仅仅是因为运气好，实际水平并不像表面看上去那样高超。来年，他们可能更接近于平均水平，但不是低于平均水平。如果挑选股票有什么技巧的话，我们可以预期：最成功的投资经理的表现将超过那些最差劲的投资经理，但是在未来，他们的差距将不会像过去那么大。如果没有技巧，只是靠运气的话，我们不妨随机挑选一名经理，或者干脆不雇用经理，省下这笔钱。但我们没有理由去挑选最差的经理。

X 结论：陷阱与机遇

生活中的均值回归效应

你还记得这本书的题记吗？

"在统计学范畴，很少会有比均值回归更有趣的概念，原因有二：首先，人们几乎每天在生活中都会遇到；其次，几乎没有人理解它。因此，均值回归成为人类做出错误判断的根源之一。"

我已经试着说服你接受这段题记所蕴含的智慧。我们几乎每天都会遇到均值回归效应，但是很少有人能够辨别出它的面貌。当它发生时，我们常常感到惊讶，并得出错误的结论。其实，我们可以做得更好。

均值回归效应的逻辑很简单，但是威力巨大。我们的生活中充满了未知数，我们无法预测死亡何时降临、还需要交多少税，预期发生的事情和实际发生的事情之间的差距是意想不到的。我们可以将意外的惊喜叫做机会、运气或者其他方便的简称。

重要的是，不管我们的期待多么合理或者理性，事情有时候会变得比预期更好或者更糟。即便我们不断地体验到这一点，却依然倾向于忽略运气在生活中扮演的角色。

我们相信成功是通过努力获得的，失败是理所当然的。我们错误地将短暂解读成了永恒，编造理论去解释各种嘈杂的声音。我们对于未知的事件反应过度，过快地认为过去意想不到的事情现在是可以预知的。

当我们看到一名高尔夫球手赢得了英国公开赛时，便认为他是世界上最棒的选手，并会期待他赢得下一场锦标赛。当我们看到一名学生在一场考试中得到了最高的分数，便认为她是班上最棒的学生，并期待她在下一场考试中仍然能得到最高分。当我们看到一个令人担忧的医学测试结果时，便认为测试对象生病了，然后便开发出一项疗法。

事实上，高尔夫球手和学生可能只是运气好，接受测试的患者可能只是运气不好。关于运气（无论好坏）有一条不变的真理——不要相信运气是可以重复的。运气越极端，就越不可能再次发生。当运气不再重复发生时，我们会忍不住反应过度，编造出一个看似很有道理的理论去解释那些无法解释的事情。

如果英国公开赛冠军输掉了下一场锦标赛，我们可能会认为他不够专心；如果分数最高的学生下一场考试的表现大不如前，我们可能会认为她不够尽力；如果医学测试结果非常糟糕的患者下一个月病情好转，我们可能会认为开发出的疗法是有效的。

如果我们清楚了运气可能在生活中发挥作用，那么做出过度反应的可能性便会降低。我们将会认识到，赢得锦标赛的选手不一定是最优秀的选手，考分最高的学生不一定是最优秀的学生，测试结果糟糕的患者不一定患病。

我们将会理解，总有几名足够好的高尔夫球手将赢得比赛，总有几名足够好的学生会考出最高分，他们将轮流取得成功。这并不是因为他们的能力起伏不定，而是因为他们的运气时好时坏。我们将理解，即便患者本身的情况并非如此，医学测试结果也会变化不定。要想不被均值回归效应欺骗，关键在于要看到运气背后的真相，认识到成功的背后可能并不像表面那般光鲜，运气最有可能是其推手之一。

本书的例子来源于生活的各个方面，这是因为均值回归效应无处不在。

它可能发生在育儿、教育、游戏、体育、医学、商业、投资以及其他更多的领域。

在身高、体重、智力等遗传特征领域中，也存在着均值回归效应。一些所谓的测量方法，实际上极具干扰性地暗示了一代又一代传承的基因影响。均值回归效应告诉我们，不正常的父母生出的孩子整体上会更正常；而不正常的孩子的父母基本上也会更正常一些。

有一种观点认为，智商高、运动能力强的父母将导致后代退步，或者智商低、运动能力差的父母将刺激孩子的发展，这便是典型的回归谬误。在教育领域同样存在均值回归效应，因为越是成绩超过平均水平的学生就越容易接近于常人。因此，我们可以预期那些成绩相对较高或者较低的学生在下一场考试中的表现将更接近于平均水平，即便他们对知识的掌握能力并没有发生变化。将考试分数的变化归结为能力的变化，而不是分数的自然变化，也是一种回归谬误。

如果那些二年级时分数最高的学生到了四年级时分数下降，这并不意味着学校教得不好。如果对那些垫底的学生提供特别辅导或者大声训斥一顿，他们的成绩随后就变好了的话，也并不意味着辅导或者教训是有效的。

掷骰子游戏、纸牌和其他基于运气的游戏都存在着均值回归效应。精彩的表现之后最有可能出现的是稍逊一筹的表现，我们不应该为此感到惊讶，也不必为此编造借口。将幸运和不幸错误地解读为"连续得分法则"（胜利更可能带来胜利）或者"平均法则"（胜利更可能带来失败），这是一种典型的回归谬误。这两种法则都是一厢情愿的想法。

一个相关的错误则是忽略沉没成本——无法放下令人遗憾的决定。例如，一些人在纸牌游戏或者股市上遭受重大失败之后，便马不停蹄地行动起来，希望能够尽快弥补损失。

对于那些有好策略的扑克玩家和投资者，均值回归效应给出的建议是：与其祈祷上天保佑，倒不如耐心等待。当我们通过运动表现去衡量运动技巧时，很容易因为表现远超平均水平而夸大实际水平，这也是回归谬误。表现很好的选手或者队伍，很可能只是运气好，接下来的表现将会渐渐下滑。如果我们相信，冠军运动员会因为粉丝们观看他们在电视上的表现，因为队员或者主持人谈论他们的表现有多好，或者因为出现在《体育画报》的封面上而倒霉或停滞不前，那么这种观点也是典型的回归谬误。

医学领域同样会受到均值回归效应的影响，因为诊断测试中会发生多种自然变化。如果一项测试结果偏高或者偏低，那么第二项测试将可能得出一个更接近于平均值的结果。如果忽视了均值回归效应，医学界可能就会多出一批不必要的疗法。医生们会相信一种毫无根据的观点，即那些没有价值的疗法是有效的。

在设计精密的医学实验中同样存在着均值回归效应，因为测试对象是随机选择的。从整体上来看，20项被测试的无效疗法中，总会有一项疗法的疗效会显示出统计学重要性。除此之外，一些研究反复折腾数据以找到可循的模式，然后再编造一个理由来解释它。如果这样能够得出报告中的积极结果，那么也就难怪当结果渐渐趋向均值，疗效开始下降时，医生却总是叫我们"不必担心"。

商业中同样存在着均值回归效应，因为多数衡量成功的办法中都存在着偶然的波动。如果看到出现平均数便认为业务正在变得平庸，这无疑是一种典型的回归谬误。而且，我们还可能相信，是咨询顾问或者管理层的变动导致了衰退。我们经常错误地认为，暂时的疾病会被无效的疗法治愈，同样，我们也会认为，商业表现中的暂时变动可能导致一个所谓的"问题"，并相应地带来一个解决方法，实际上这两者都不存在。

忽略商业表现中的运气因素将产生另一个不幸的结果：我们会倾向于关注那些成功的公司，寻找一个模式，然后得出结论——该模式是取得商业成功的秘诀。

实际上，这些公司只是运气好而已，这才是真正的普遍模式。随着向前发展，它们整体上都会下滑，趋向平均水平。

均值回归效应同样会发生在对求职者的评价中，无论他们是职员、CEO还是政治家。当对一个人的工作能力不确定时，那些看上去最合适的人选最有可能达不到预期水平。寻找灵魂伴侣时，情况同样如此。

股市中也会出现均值回归效应，因为投资者们常常对企业新闻反应过度。一般而言，收入高或者收入低的公司股价会向均值回归，而最乐观和最悲观的行情预测总体上过于极端。因此，业绩急剧增长或者前景看好的公司股价往往过高，业绩惨淡或者前景悲观的公司股价则一蹶不振。当公司的收入与预期相比更接近于平均水平时，股价便得到了调整。对企业新闻的过度反应实际上是一种回归谬误。对投资者而言，真正有效的策略应该是——避开那些业绩良好或者前景看好的公司，投资那些冷门的股票。

同样，与那些快速上涨的股票相比，急剧下降的股票往往是更好的投资对象。被移出道琼斯指数的股票往往比替代它们的股票更值得投资。多数投资者无法理解这种现象，因此，那些理解均值回归效应的人才能够捡到宝。

一旦我们认识到运气对生活的影响无处不在，就可以在均值回归效应发生前预见它，并且在发生时理解它，而不必捏造出毫无根据的理论去解释运气的变化。我们不仅不会再被均值回归效应愚弄，甚至可以利用它。

均值回归效应是陷阱与机遇的集合，让我们避免陷阱，抓住机遇！

图书在版编目（CIP）数据

运气的秘密 /（美）加里·史密斯著；茅人杰，洪慧敏译 . -- 北京：北京联合出版公司，2018.7（2021.10重印）
ISBN 978-7-5596-2017-0

Ⅰ.①运… Ⅱ.①加… ②茅… ③洪… Ⅲ.①随机 - 通俗读物 Ⅳ.① O211-49

中国版本图书馆 CIP 数据核字 (2018) 第 082335 号

北京市版权局著作权合同登记号 图字：01-2018-2817 号

WHAT THE LUCK?:THE SURPRISING ROLE OF CHANCE IN OUR EVERYDAY
LIVES By GARY SMITH
Copyright: © 2016 BY GARY SMITH
This edition arranged with ANDREW LOWNIE LITERARY AGENT
Through BIG APPLE AGENCY, INC., LABUAN, MALAYSIA.
Simplified Chinese edition copyright:
2018 Shanghai Soothe Cultural Media Co.,Ltd
All rights reserved.

运气的秘密

选题策划：谭郭鹏
责任编辑：宋延涛
出版统筹：谭燕春
特约监制：高继书
特约编辑：王长霖
内文排版：蔷薇薇
装帧设计：格·创研社

北京联合出版公司出版
（北京市西城区德外大街83号楼9层 100088）
北京联合天畅发行公司发行
北京美图印务有限公司印刷 新华书店经销
字数207千字 710mm×1000mm 1/16 16印张
2018年7月第1版 2021年10月第3次印刷
ISBN 978-7-5596-2017-0
定价：49.00元